Wunder der Rechenkunst

Die Wunder der Rechenkunst.

Eine Zusammenstellung
der räthselhaftesten, unglaublichsten
und belustigendsten
arithmetischen Kunstaufgaben.

Zur Beförderung
der geselligen Unterhaltung und
des jugendlichen Nachdenkens.

Von Joh. Christ. Schäfer.

Volk und Wissen
Volkseigener Verlag Berlin
1989

Herausgegeben von Johannes Lehmann, Leipzig

Schäfer, Johann Christ.:
Die Wunder der Rechenkunst : e. Zsstellung der räthselhaftesten,
unglaublichsten u. belustigendsten arithmet. Kunstaufgaben;
z. Beförderung der geselligen Unterhaltung u. des jugendlichen
Nachdenkens / von Joh. Christ. Schäfer. – 3. Aufl. – Berlin :
Volk u. Wissen, 1989. – 191 S.

ISBN 3-06-002518-5

3. Auflage

Lizenz-Nr. 203 · 1000/89 (UN 002518-3)
Printed in the German Democratic Republic
Schrift: 11/12 p Digi-Fraktur und Bodoni-Antiqua
Satz: Druckerei Neues Deutschland
Druck und Binden: Graphischer Großbetrieb Karl-Marx-Werk
Pößneck V 15/30
Redaktion: Willi Wörstenfeld, Anneliese Wunderlich
Einband: Herbert Lemme
Zeichnungen: Heinz Grothmann
Typographische Gestaltung: Atelier vwv, Karl-Heinz Bergmann
Redaktionsschluß: 25. Mai 1988
LSV: 1006
Bestell-Nr. 707 745 1
00880

Vorwort

Bei dem vorliegenden Buch handelt es sich um eine gekürzte Ausgabe des im Jahre 1857 im Verlag Bernhard Friedrich Voigt, Weimar, erschienenen Buches. Von den in der Originalausgabe enthaltenen Aufgaben wurden etwa 150 Aufgaben ausgewählt.

Der Autor, Johann Christoph Schäfer (1802 bis 1854), lebte als Bauer in Illeben, einer Gemeinde etwa 15 km westlich von Gotha.

Neben seiner Arbeit auf dem Hof betätigte er sich auch als Jägermeister und tierärztlicher Berater. In seiner freien Zeit interessierte er sich für „geistesbeschäftigende und gesellige Unterhaltung“, die im Familien- und Freundeskreis gepflegt wurde.

Aus einer zuerst in Tagebüchern festgehaltenen Aufgabensammlung entstand dann die erste Fassung der „Wunder der Rechenkunst“. Das Buch ist ganz im Stile der zeitgenössischen Rechenmeister verfaßt.

Nach dem Erscheinen der ersten Auflage im Jahre 1831 fanden sich viele Interessenten für das Buch. Im Vorwort zur fünften Auflage schreibt der Autor:

„...Es gereicht mir zur großen Freude, daß sie (die

Schrift, d. Herausg.) bei'm Publicum eine so große Aufmerksamkeit gefunden hat, daß seit 1831 vier Auflagen vergriffen sind. Hierdurch habe ich mich mit besonderm Vergnügen veranlaßt gefunden, von Zeit zu Zeit, wie mir es meine Geschäfte erlaubten, das Werkchen zu vervollkommnen, habe es daher nicht nur mit vielen schönen Rechnenkünsten vermehrt, sondern habe auch Vieles verbessert, Manches hinzugefügt und Alles an einen andern Platz versetzt, wie es mir gut zu sein schien. ..."

Das Buch erschien danach noch in weiteren drei Auflagen. Ergänzend sei mitgeteilt, daß J. Chr. Schäfer noch ein für die damalige Zeit umfassendes tierärztliches Werk verfaßte mit dem Titel „Homöopathische Thierheilkunst – Ein ganz eigenthümlich eingerichtetes und dadurch sehr leicht faßliches und schnell Rath gebendes Hülfsbuch für jeden Viehbesitzer –". Es erschien 1852 in Nordhausen.

Das vorliegende Buch wird gewiß all jenen Freude und Entspannung bereiten, die sich in ihrer Freizeit gern mit mathematischen Denksport- und Knobelaufgaben, Rätseln und Spielen beschäftigen. Es zeigt aber auch, inwieweit sich unsere heutige Sprech- und Schreibweise bei der Formulierung von Aufgaben und der Anfertigung ihrer Lösungen verändert hat. Nicht zuletzt gibt es einen kleinen kulturhistorischen Einblick in die erste Hälfte des 19. Jahrhunderts. Beim Studium der Aufgaben wird man feststellen, daß J. Chr. Schäfer bei den Mathematikern des Altertums und den deutschen Rechenmeistern einige Anleihen aufgenommen hat.

Bei einigen Aufgaben wurden zum besseren Verständnis Anmerkungen über Geldeinheiten gemacht. Zu einem großen Teil der Aufgaben sind vom Herausgeber Lösungshinweise angefügt, die dem Leser das Erschließen der einen oder anderen Aufgabe erleichtern sollen. Um sie deutlich vom Original abzuheben, wurden sie in einer anderen Schrift gesetzt.

Vorrede zur ersten Auflage.

Nicht Eigennutz oder die Sucht, in die Reihe der arithmetischen Schriftsteller zu treten, verleiten mich, diese Blätter, die ich früher bloß zu meinem Vergnügen gesammelt habe, dem Drucke zu übergeben; nur das Zureden einiger Freunde und der Wunsch, die gesellige Unterhaltung zu befördern und der Jugend in ihren Freistunden eine angenehme und nützliche Beschäftigung an die Hand zu geben, waren die Triebfedern, welche mich dazu bewogen. Ich schmeichle mir, daß dieses Werkchen seinen Zweck nicht ganz verfehlen werde; erstlich, weil es, wie schon der Titel zeigt, räthselähnliche und belustigende arithmetische Kunstaufgaben enthält, und zweitens, weil das Studium der Mathematik, den Aussprüchen der größten Männer zufolge, eins der vorzüglichsten Bildungsmittel des menschlichen Geistes ist. Mein ganz besonderes Streben dabei war, Deutlichkeit und Klarheit in den Ausdruck und in die Begriffe zu bringen; freilich aber wird der, der des Rechnens ganz unkundig und, um nachzudenken, zu bequem ist, die Mittheilung nicht mit Nutzen lesen und anwenden können; jedoch für Jeden, der nur einigermaßen gebildet ist und guten Willen hat, glaube ich verständlich gesprochen zu haben.

Der Verfasser.

Inhaltsverzeichniß

A.
Arithmetische Kunstaufgaben und Belustigungen

B.
Erforderliche Resultate und Auflösungen der Rechnenwunder

Lösungshilfen bzw. Lösungswege aus anderer Sicht

A.
Arithmetische Kunstaufgaben und Belustigungen.

1. Anrede des Buchs.

Ich Büchelchen bin angefüllt
Mit arithmet'schen Sachen,
Wenn damit wird dein Wunsch gestillt,
So soll mir's Freude machen.
Eh Du nun aber weiter lies'st,
Vielleicht die letzte Nummer siehst,
So rechne Du einmal geschwind:
Wie viel Aufgaben in mir sind. –

Die Kubikwurzel von 12 Million
8 Hundert 12 Tausend 9 Hundert und 4,
Das heißt, so viel sie beträgt davon,
Findest Du zwar nicht ganz in mir;
Doch ziehst Du ab noch 5 und 2,
Dann wieder 7 wen'ger 3,
Und auch die 10 siebenmal,
So findest Du die rechte Zahl.
Hast Du sie so herausgerathen,
Dann sehe nach in Resultaten!

2. Numerationsaufgabe.

Wie schreibt man mit Ziffern: zwölf Tausend zwölf Hundert und zwölf?

3. Ein ähnliches Beispiel.

Wie schreibt man mit Ziffern: Hundert ohne Null?

4. Ein Beispiel gleicher Art.

Wie schreibt man Hundert ohne Null mit sechs gleichen Ziffern?

5. Noch ein Aehnliches.

Wie bekommt man Hundert aus vier 9?

6. Noch eine ähnliche Aufgabe.

Wie schreibt man Tausend ohne Null?

7. Noch ein Anderes.

Wie schreibt man 1 000 000 ohne Null?

8. Additionsaufgabe.

Wer's sagt, wie viel's beträgt,
Wenn man zusammenlegt:
Eins, anderthalb und zwei,
Zwei, drittehalb und drei,
Vier, fünftehalb und sechs,
Und noch eins mehr als sechs,
Acht und einhalb mehr als neun:
Der bestelle sich ein gut Glas Wein.

9. Die Blumenpflückerin.

Auf der Wiese saß Dein Mühmchen
Und pflückte da Blümchen:
1 für Lorchen,
2 für Dorchen,
4 für Riekchen,
8 für Fiekchen,
16 für Pinchen,
32 für Minchen,
64 für Dich,
128 für sich.
Sag' mir schnell, wie viel Blümchen
Pflückte Dein Mühmchen?

10. Die sonderbare Gesellschaft.

Bei'm Verfasser dieses saß an einem Winterabende eine ganz besondere Gesellschaft in der Stube um den Tisch herum. Es waren da nämlich 1 Großvater, 2 Väter, 2 Mütter, 4 Kinder, 3 Enkel, 1 Bruder, 2 Schwestern, 2 Söhne, 2 Töchter, 2 verheirathete Männer, 2 verheirathete Frauen, 1 Schwiegervater, 1 Schwiegermutter und 1 Schwiegertochter. Wie viel Personen mögen dies wohl gewesen sein?

11. Subtractionsaufgabe.

20 von 20 – überhaupt zwei gleich große Zahlen von einander abgezogen – geht bekanntlich auf; wie ist es aber möglich, daß, wenn man 10 von 10 abzieht, 10 bleibt?

12. Die sonderbare Subtraction.

Was bleibt übrig, wenn ein () (Ei) von einem △ (Dreieck) abgezogen wird?

13. Der Müller und seine Katzen.

Ein Müller ging in seine Mühle, die 4 Winkel hatte. In jedem Winkel sah er 4 Säcke stehen; auf jedem Sack saßen 4 alte Katzen, und jede Katze hatte 4 Junge bei sich. Wie viele Füße waren jetzt in der Mühle?

14. Die künstliche Theilung.

Zwei Oekonomen lassen sich 8 Eimer Wein (in einem Achteimerfaß) kommen; zu Hause haben sie weiter kein Gefäß, als ein Fünf- und ein Dreieimerfaß; nun will jeder 4 Eimer haben; wie haben sie den Wein getheilt?

15. Die fünfundzwanzig Edelsteine.

Ein reicher Herr hatte sehr viele Kostbarkeiten und unter diesen besonders 25 Edelsteine, welche er allen anderen vorzog; um nun gleich wahrnehmen zu können, wenn ihm einige entwendet werden sollten, legte er sie in Form eines Kreuzes auf diese Art:

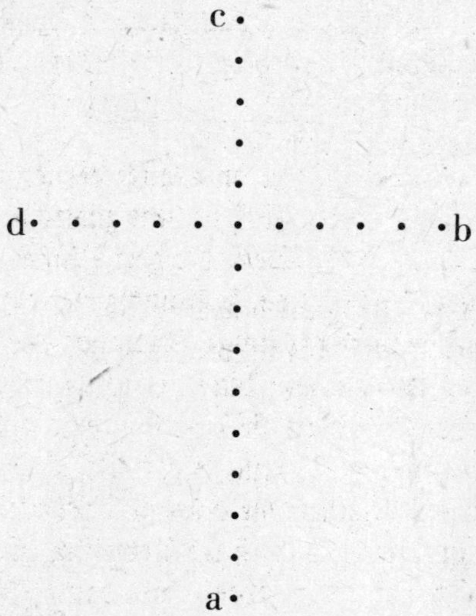

So oft er nun dieses Kreuz besah, fing er bei a an nach b, dann wieder von a nach c und noch einmal von a nach d zu zählen; zählte er nach allen drei Seiten 15, so glaubte er seine 25 Edelsteine noch zu besitzen; allein sein schlauer Diener entwendete ihm doch zwei, ohne daß es der Herr gemerkt hatte, denn dieser zählte nach allen drei Seiten hin 15, wie zuvor. Wie ist dies möglich?

16. Auch eine Subtractionsaufgabe.

Wie geht denn 8 von 9 auf?

17. Die betrogene Aebtissin.

Eine Aebtissin hatte in einem Kloster 40 Nonnen; diese wohnten im Quadrat in 8 Zimmern und die Aebtissin in der Mitte, auf nachstehende Art:

5	5	5
5	1	5
5	5	5

Die Aebtissin ging alle Tage im Kloster herum, um zu sehen, ob sie ihre Nonnen richtig darin finde, und zählte deßhalb, um ganz gewiß zu gehen, auf jeder Seite die drei Zimmer; waren in derselben zusammen 15 Nonnen, so glaubte sie, die Zahl derselben sei richtig. Einst kamen vier junge Herrn vor das Kloster und baten die Nonnen um Einlaß; diese gewährten ihnen ihre Bitten mit Freuden und behielten sie eine lange Zeit bei sich. Damit aber die Aebtissin den Betrug bei'm Visitiren nicht bemerken sollte, theilten die Nonnen die dazu gekommenen und umgekleideten Herren so unter sich, daß die Aebtissin, obgleich ihre Zahl um 4 gewachsen war, auf jeder Seite des Klosters in 3 Zimmern nur 15 Nonnen zählen mußte. Wie geschah die Vertheilung? (Siehe Eintheilung A.)

Nach einiger Zeit kamen noch vier Herren; auch diese nahmen die Nonnen auf und hintergingen die Aebtissin bei ihrer Vertheilung, so daß sie in drei Zimmern auf jeder Seite des Klosters nur 15 zählte. Wie hatten sich die Nonnen nun eingetheilt? (Siehe Eintheilung B.)

Als diese acht Herren wieder abreis'ten, nahmen sie noch acht Nonnen mit sich; die Zurückgebliebenen, welche diese Flucht begünstigten, wußten sich nun so in die Zimmer einzutheilen, daß die Aebtissin, obgleich 16 Personen weniger im Kloster waren, auf jeder Seite in drei Zimmern 15 zählte; wie geschah dies nun? (Siehe Eintheilung C.)

18. Geometrische Belustigung.

Vier Geschwister wollen sich in eine Wiese theilen, welche folgende Gestalt hat:

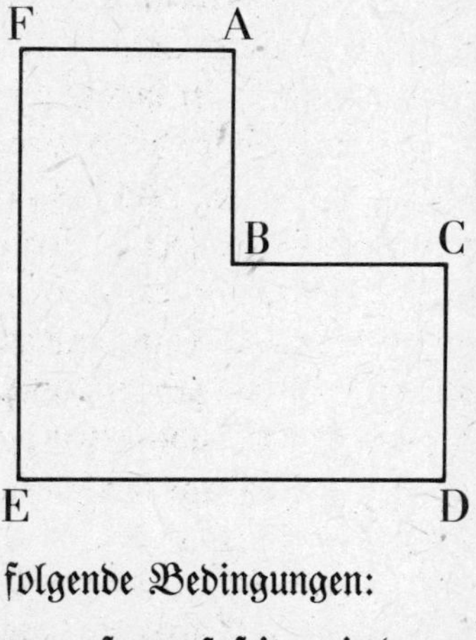

Sie machen sich dabei folgende Bedingungen:

1) Soll ein Theil genau so groß sein, wie der andere.
2) Soll jeder Theil der ganzen Wiese genau ähnlich sein.

Wie mußte die Wiese getheilt werden, um den Bedingungen zu entsprechen?

19. Die Sechsfelder-Figur.

Wo werden von folgender, mit Kreide auf den Tisch gezeichneter, Sechsfelder-Figur 5 Wände weggewischt, und zwar so, daß 3 gleichgroße Felder bleiben?

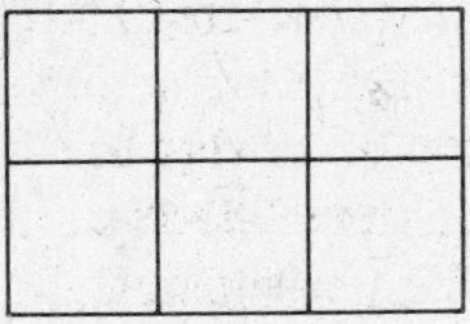

20. Eine Nuß zum Aufknacken.

Zwischen zwei weit von einander entfernten Orten hatten sich zwei Reisende niedergesetzt, um ihr Mittagsbrod zu verzehren. Als sie sich niedergelassen hatten, eilte noch ein Dritter auf sie zu und bat: sie möchten ihm, da der nächste Ort noch zu weit entfernt liege, von ihren Lebensmitteln mittheilen, er wäre sehr hungrig und wolle reichlich dafür bezahlen. Der eine von den beiden Reisenden hatte 5, der andere aber noch 3 Brode. Nachdem alle drei gemeinschaftlich die 8 Brode verzehrt hatten, legte der Fremde, ohne zu fragen, was er schuldig sei, 8 Ducaten hin und setzte seine Reise weiter fort. – Die beiden Reisenden kamen nun darüber in Streit, wie dieses Geld zu vertheilen sei: der eine, der 5 Brode gehabt hatte, behauptete, ihm gebührten 5 Ducaten, weil er 5 Brode gehabt habe, der andere wollte aber die Hälfte der 8 Ducaten haben, weil der Fremde mit ihm eben sowohl gegessen habe; es fragt sich daher, wie viel Ducaten jeder bekommen mußte?

21. Das ungleich scheinende Vermächtniß.

Sechs Kinder hatten von ihrem Vater einst ein Vermögen von 3 600 Thlrn. zu erben, wovon die jüngern nach seinem Tode gern den größern Theil haben wollten; sie baten daher den Vater öfters, eine Verordnung darüber nach ihrem Wunsche zu machen. Dieß schlug ihnen aber der Vater immer ab, weil er ein Kind liebte wie das andere; da sie aber nicht aufhörten, ihn mit Bitten zu bestürmen, und die älteren Geschwister es auch zufrieden waren, so machte er folgende Verordnung: Das älteste Kind soll von dem ganzen Vermögen 100 Thlr. zum Voraus und von dem Uebrigen den siebenten Theil haben. Das zweite soll alsdann 200 Thlr. und von dem Reste den siebenten Theil bekommen. Das dritte soll hierauf 300 Thlr. und von dem Uebrigen wieder den siebenten Theil erhalten. Und so soll jedes folgende 100 Thlr. mehr, als das zunächst ältere und dann von dem Reste den siebenten Theil bekommen. Dem jüngsten Kinde aber soll der Rest des ganzen Vermögens zu Theil werden. Mit diesem Testamente waren die Kinder wohl zufrieden, und nach dem Tode des Vaters wurde sein letzter Wille pünktlich vollzogen. Wie viel hat ein jedes bekommen?

22. Eine ähnliche Aufgabe.

Ein Vater hinterläßt ein Testament, nach welchem das älteste Kind 1 100 Thlr. und $\frac{1}{9}$ des Restes; das zweite 2 200 Thlr. und $\frac{1}{9}$ des Restes; das dritte 3 300 Thlr. und $\frac{1}{9}$ des Restes; das vierte 4 400 Thlr. und $\frac{1}{9}$ des Restes und so jedes folgende 1 100 Thlr. mehr, als das vorhergehende und außerdem $\frac{1}{9}$ des Restes erhalten sollte. Nach der Theilung des Vermögens hatte ein Kind soviel als das andere. Wie groß war das Vermögen, wie viel Erben theilten sich in dasselbe, und wie viel erhielt jeder Erbe davon?

23. Noch ein ähnliches Beispiel.

Ein Vater von 5 Kindern hinterläßt ein Testament, wonach das älteste Kind vom ganzen Vermögen $\frac{1}{6}$ und 240 Thlr., das zweite $\frac{1}{5}$ des Restes und 288 Thlr., das dritte $\frac{1}{4}$ von dem was jetzt noch übrig ist und 360 Thlr., das vierte $\frac{1}{3}$ des Restes und

480 Thlr. und das fünfte $\frac{1}{2}$ des noch bleibenden Restes und die übrigen 720 Thlr. erhalten soll. Wie groß ist das Vermögen, und wie viel erhält jedes Kind?

24. Das wunderbare Schlachten eines Fleischers.

Ein Fleischer wurde gefragt, wie viel Schafe er im vergangenen Herbste geschlachtet hätte; er antwortete: Das erste Mal schlachtete ich von der ganzen Summe der gekauften Schafe die Hälfte und noch ein und ein halbes; das zweite Mal schlachtete ich von den übriggebliebenen wieder die Hälfte und ein und ein halbes; so auch das dritte und vierte Mal. Nachdem ich so vier Mal geschlachtet hatte, behielt ich noch ein einziges Schaf übrig. Nun rechnet mir einmal aus, wie groß mein Vorrath war, und wie viel Stück ich jedesmal schlachtete?

25. Ein ähnliches Beispiel mit Eiern.

Eine Händlerin verkaufte an ihre Nachbarin die Hälfte ihrer Eier und noch ein halbes; an eine zweite vom Reste wieder die Hälfte und ein halbes; ebenso an eine dritte und vierte jedes Mal vom Reste die Hälfte und ein halbes. Sie wurden alle ganz verkauft, und am Ende hatte die Händlerin noch ein einziges Ei übrig. Wie groß war ihr anfänglicher Vorrath?

26. Der Apfelverkäufer.

Karl versuchte einst als Obsthändler sein Heil,
Und bot seine Aepfel in drei Häusern feil;
Er hatte dabei das unverhoffte Glück,
Daß er nicht einen Apfel brachte zurück,
Und schnell verkaufte der Früchte ganze Zahl.
Such' Leser mir dieselbe jetzt einmal,

Berechne auch dabei und gieb es an,
Wie viele Stücke wohl kaufte jeder Mann.

Vom ganzen Vorrath
nimmt ein Viertheil erst heraus
Und fünfzehn noch der Mann im ersten Haus.
Im zweiten ist das Glück ihm wieder günstig,
Man kaufte da vom Rest ein Drittheil
und noch zwanzig.

Mit den Uebrigen geht er sodann in's dritte Haus
Und bietet sie daselbst zum Verkaufe aus;
Der Mann, der den Vorrath noch zu groß findet,
Nimmt erst die Hälfte. – Doch damit verbindet
Er noch dreißig Stücke. – Carl freute sich sehr,
Denn sein Korb war nun geworden ganz leer.

27. Auszurechnen, wie viel Schafe ein Schäfer in einem Stalle hat.

Ein Schäfer hatte in einem Stalle weniger als 700 Stück Schafe; wenn er sie zu Zweien und Zweien aus dem Stalle treibt, so bleibt eins übrig; treibt er sie zu Dreien heraus, so bleibt auch eins übrig; dasselbe bliebe übrig, wenn er sie zu Vieren, zu Fünfen und zu Sechsen heraustriebe; treibt er dieselben aber zu Sieben heraus, so bleibt keins übrig. Wie viel Schafe waren in dem Stalle?

28. Der glückliche Spieler.

Ein Spieler zählte eine Summe gewonnener Ducaten durch, die weniger als 400 beträgt; zählt er sie zu Zweien, Dreien, Fünfen und Sieben, so bleibt allemal einer; zählt er sie aber zu Zwölfen, so bleiben sieben übrig. Wie viel Ducaten hatte er gewonnen?

29. Die Obsthändlerin.

Eine Obsthändlerin hatte jedes Mal bei'm Verkauf in 5 Körben eine gewisse Anzahl Aepfel; sie betrug weniger als 4 000 Stück; wenn sie sie zu Zweien und Zweien verkaufte, so blieb stets einer übrig; verkaufte sie solche zu Dreien, so blieben zwei übrig; verkaufte sie davon je fünf, so blieben vier übrig; verkaufte sie je sieben, so blieben sechs übrig; verkaufte sie davon je elf, so blieben zehn übrig. Wie viel Aepfel waren in den fünf Körben?

30. Die bleiernen Soldaten.

Ein Knabe hatte von seinem Pathen zu Weihnachten eine Anzahl bleierner Soldaten geschenkt bekommen, es waren weniger als 100; stellt er drei in jede Reihe, so bleibt einer übrig; stellt er vier in die Reihe, so bleiben ihm zwei; stellt er fünf in die Reihe, so bleiben drei übrig, stellt er sechs in die Reihe, so hat er vier Mann zuviel; wie stark ist die ganze Mannschaft?

31. Das Weihnachtsgeschenk.

Ein Vater hatte Aepfel und Nüsse, von jedem gleichviel Stück gekauft, um damit am Weihnachtsfeste seine Kinder zu beschenken. Jedem Kinde gab er erst 12 Aepfel und behielt 48 Stück übrig. Dann gab er auch jedem Kinde 15 Nüsse und behielt da 15 Stück übrig. Wie viel Aepfel und Nüsse hatte er gekauft, und wie viel Kinder hatte er?

32. Die Erbschaft.

Carl zählte seine ererbte Summe ganzer Thaler in ein Quadrat auf, das Quadrat war voll und es blieben 146 Stück übrig. Hierauf legte er einen Thaler mehr in jede Reihe und machte ein Quadrat, wo ihm jedoch, um das Quadrat vollegen zu können, 31 Stück fehlten. Wie stark war die Erbschaft?

33. Die Theilung des Verdienstes.

Ein Maurermeister hat zwei Gesellen und einen Lehrburschen; sie verdienen zusammen wöchentlich 12 Thlr. und es soll davon ein Gesell $1\frac{3}{4}$ Thlr. mehr als der Lehrbursche, und der Meister $1\frac{3}{4}$ Thlr. mehr als ein Gesell erhalten; wie viel erhält jeder von dem wöchentlichen Verdienste?

34. Das artige Verhältniß.

Carl schob sein unvollständig gelegtes Quadrat, das aus 7 890 ganzen Thalern bestand (siehe die 32. Aufgabe), in drei Haufen zusammen, und fand, da er jeden Haufen gezählt hatte, folgendes Verhältniß: Dividirte er die Thalersumme des ersten Haufens durch drei, des zweiten durch sechs und des dritten durch neun, so bekam er alle Mal einen gleichen Quotienten. Wie viel Thaler enthielt jeder Haufen?

35. Ein anderes Verhältniß.

Durch das zufällig gefundene, für Carl nicht uninteressante Verhältniß zu neuen Versuchen aufgemuntert (siehe die vorige Aufgabe), vereinigte er die in drei Haufen liegenden 7 890 Thlr. zu einem einzigen Haufen, und machte hierauf auf's Neue daraus vier willkürliche Haufen, und fand nun, daß, wenn er die Anzahl Thaler des ersten Haufens mit 3, des zweiten mit 4, des dritten mit 6 und des vierten mit 12 multiplicirte, alle Mal ein gleiches Product herauskam. Wie viel Thaler enthielt nun jeder Haufen?

36. Der junge Hirte.

Ein junger Hirte ließ mit Freuden,
1008 Schafe weiden,
Bis daß der Sonne letzter Strahl

Entwich aus seinem grünen Thal,
Und grauer Abend war geworden.
Jetzt führte er sie in 12 Horden,
Doch so, daß jegliche 2 mehr
Enthielt, als das nächstvor'ge Heer.
Sag', wie viel in die erste kommen,
Und jede andere aufgenommen?

37. Die verschiedene Anzahl Schafe.

Ein Landwirth sagt im Gasthof der drei Schellen:
Ich habe 100 Stück Schafe in 5 Ställen,
Sie sind in jedem anders jährig,
Sind groß und stark und auch gut härig.
Im ersten und zweiten Stalle sind 50 und 2;
Im zweiten und dritten stehen 40 und 3;
Im dritten und vierten stehen 30 und 4;
Im vierten und fünften nur 30. – Sagt mir,
Meine Freunde, nun aber gefälligst einmal,
Wieviel in jedem Stalle wohl sind an der Zahl?

38. Der Wurm an der Linde.

Es kroch an einem Lindenbaum
Ein kleiner Wurm, man sah ihn kaum,
Von unten 'nauf aus aller Macht
Acht Ellen richtig bei der Nacht,
Und alle Tage kroch er wieder
Genau vier Ellen dran hernieder.
So hatte mit der zwölften Nacht
Er ganz sein Kletterwerk vollbracht;
Die Spitze war sein Reiseziel,
Von der er nun ermüdet fiel.
Mein Freund, sag' mir doch ohne Scheu,
Wie hoch dieselbe Linde sei?

39. Der Löwe auf dem Brunnen.

Ein Löwe steht, aus Erz gemacht,
Auf einem Brunn'n in voller Pracht –
In einer schön gebauten Stadt –
Welcher folgende Inschrift hat:
„Ich bin aus Erz gemacht,
Daß ich dem Wasser muß
Durch meiner Glieder Pracht
Hier lassen seinen Fluß.
Wenn von sich nur allein
Mein weiter Rachen speit,
Kann in sechs Stunden Zeit
Der Brunn'n voll Wasser sein.
Zwei Tage traf's genau,
Wenn mein recht' Auge rinnt:
Zum linken Dreie sind.
Und wenn die rechte Klau'
Ausfließt, vier Tage füllt
Sie diesen Brunnen voll.“
In wie langer Zeit wird wohl
Der Brunn'n mit Wasser voll,
Wenn alles Vieres auf einmal quillt?

40. Der Nachtwächter und der Schwärmer.

„Die Glocke hat – – geschlagen“,
Ruft Wächter Hans Woltin und lauscht –
Jetzt kömmt ihm nach von Zechgelagen
Ein Schwärmer wankend – wohl berauscht.
Der fraget Hansen nach der Stunde,
Wie viel's denn wohl geschlagen hätt'.
Der Wächter thut ihm darauf Kunde
Und spricht: „Ich will mit Ihn' d'rauf wett',

Daß die Hälfte, das Drittel und das Viertel dieser Stunden
Eins größer ist, als deren Anzahl, die verschwunden."
Ihr Rechnenfreunde, könnt nun sagen,
Wieviel die Glocke hatt' geschlagen?

41. Der Gänserich und der Gänseschwarm.

Ein Gäns'rich watschelte in Ruh
In einem Erlgesträuche,
Da flog ein Gänseschwarm hinzu
Von einem nahen Teiche.
Der Gäns'rich sprach: Ich grüß euch schön!
Fürwahr, ich bin verwundert,
Euch insgesamt allhier zu seh'n,
Ihr seid gewiß an Hundert!"
Ein kluges Gänschen d'rauf versetzt:
„Wird viel zu Hundert fehlen!
Du hast zu hoch die Zahl geschätzt,
D'rum magst du selbst nun zählen.
Verdopple uns're Zahl, dann sei
Die Hälfte noch gewonnen;
Ein Viertel und Du, Freund, dabei,
Wirst Hundert dann bekommen."
Das kluge Gänslein flog geschwind
Zu den verlass'nen Schaaren;
Du aber sage, liebes Kind,
Wieviel es Gänse waren?

42. Die unrichtig geschätzte Anzahl Nonnen im Kloster.

Ein Reisender ging in ein Kloster, um zu erfahren, wie viel Nonnen in demselben wären und sagte daher zu einer: Er glaube, daß sie ihrer 50 wären; die Nonne antwortete: Da müßten unserer noch einmal soviel, halbmal soviel, ein Viertel soviel, ein Achtel soviel, ein Sechzehntel soviel und noch drei sein. Wieviel waren Nonnen im Kloster?

43. Das Capital.

Es hatte Jemand einem guten Freunde 60 Thlr. geliehen und zu demselben gesagt, er solle ihm das Geld von Zeit zu Zeit wieder geben, wie es ihm möglich sei. Da bezahlte der Schuldner erst eine gewisse Summe, welche errathen werden muß; hierauf zahlte er zu einer andern Zeit wieder halb soviel; kurz darauf brachte er wieder drei Viertel soviel, als das erste Mal; das vierte Mal brachte er nur ein Viertel; endlich aber noch zwei Fünftel von der ersten Summe. Dann rechneten beide Freunde zusammen, und es fand sich, daß der Schuldner noch zwei Thaler zahlen mußte, um die Summe von 60 Thalern voll zu machen. Wieviel betrug nun die erste Summe, die er abtrug?

44. Ein etwas verändertes Beispiel.

Es hat Jemand von einem Freunde ein Capital geliehen, welches er nach und nach abzutragen verspricht. Er zahlt, um sein Wort zu halten, in dem ersten Termine abschläglich die Hälfte des ganzen Capitals; in einem zweiten Termine zahlt er zwei Drittel des ersten Restes; in einem dritten Termine drei Viertel des zweiten Restes und endlich in einem vierten Termine die noch übrigen drei Thaler. Wie hoch beläuft sich die ganze Schuld, und wie viel hat der Schuldner von derselben in den einzelnen Terminen abgetragen?

45. Die Gesellschaften.

Ein Reisender hatte an einem Orte mit einem Bekannten an einer geselligen Zusammenkunft Theil genommen und wurde nach dem geselligen Verkehr in seinem Orte befragt, namentlich

auch, wieviel die Gesellschaft, wozu er gehöre, Mitglieder zählte; er antwortete hierauf:
In meinem Orte befanden sich früher drei Gesellschaftslocale, worin wöchentlich einmal die Gesellschaften, jede in ihr Local, zusammenkamen, und es bestand die Gesellschaft in dem ersten aus 33, im zweiten aus 35 Mitgliedern; die Mitglieder in dem dritten aber, wozu ich gehöre, werden Sie gefälligst errathen, wenn ich Ihnen Folgendes mitgetheilt habe. Nachdem nämlich lange Zeit die Gesellschaften von ihren Mitgliedern besucht worden waren, verabredeten sich mehrere Mitglieder aus dem ersten und zweiten Gesellschaftslocale, gewisser Ursachen wegen, eine vierte Gesellschaft zu bilden. Es gingen demnach aus der Gesellschaft des ersten Locals, in welcher sich 33 Mitglieder befanden, $\frac{2}{3}$ der unbekannten und zu errathenden Anzahl im dritten Local und aus dem zweiten, wo 35 Mitglieder waren, gingen $\frac{3}{5}$ dieser unbekannten Anzahl Mitglieder ab, und so blieben nun noch in dem ersten und zweiten Locale zusammen gerade so viel Mitglieder übrig, als unsere Gesellschaft in der dritten stark ist. Wie hoch beläuft sich die Anzahl der Mitglieder der Gesellschaft im dritten Locale? Und wenn es Sie interessirt, können Sie noch angeben, wieviel, nach Bildung der vierten Gesellschaft, jede der drei übrigen Gesellschaften Mitglieder zählt.

46. Nach dem Betrage des Schulgeldes auszurechnen, wie viel Kinder von jedem Geschlecht ein Schullehrer in der Schule hatte.

Ein Schullehrer wird um den Betrag des Schulgeldes gefragt, worauf er zur Antwort giebt: Von jedem Knaben erhalte ich jährlich 15 Ngr. und von jedem Mädchen 10 Ngr. In diesem Jahre, wo sich die Anzahl Knaben zu der der Mädchen wie 2 zu 3 verhält, beträgt die Summe des Schulgeldes 16 Thlr.; im vorigen Jahre aber, wo das umgekehrte Verhältniß Statt fand, hatte ich 1 Thlr. 10 Ngr. mehr. Welches war die Anzahl der Kinder von jedem Geschlechte in diesem und im vorigen Jahre? (à 1 Thaler = 30 Neugroschen)

47. Die zwei Schullehrer.

Ein Schullehrer fragte den anderen, wie viel Kinder er in seiner Schule hätte? Er antwortete: $\frac{1}{6}$ meiner Kinder liegt an den Masern krank, 11 raufen Flachs, 7 sind auf die Kirmse gegangen, und von den jetzt Gegenwärtigen schreiben 20 und 17 rechnen. Jener erwiderte hierauf: Sie haben auch eine starke Schule; aber ich habe doch noch vier Kinder mehr. Wieviel hatte Jeder in der Schule?

48. Ein ähnliches Beispiel.

Jemand wurde gefragt, wie er seine Jahre verlebt habe, worauf er antwortete: $\frac{1}{6}$ meines Alters verlebte ich in der Kindheit, $\frac{1}{4}$ als Jüngling, $\frac{1}{2}$ als Mann, und nun lebe ich schon seit 5 Jahren ohne Frau. Wie alt war die Person?

49. Ein ähnliches Beispiel.

Ein Pfarrer besuchte zu Zeiten die Schule seines Orts und fand stets, daß mehr Knaben als Mädchen waren. Einmal fand er so, Knaben und Mädchen zusammen, 75 Kinder. Wie groß war nun hiervon die Anzahl der Knaben und die der Mädchen, deren Differenz 11 war?

50. Die sonderbare Antwort.

Ein bejahrter Mann wurde gefragt: wie alt er, sein Sohn und Enkel seien? Er antwortete: Ich und mein Sohn sind zusammen 109 Jahre, mein Sohn und mein Enkel zusammen 56 Jahre und ich und mein Enkel zusammen 85 Jahre. Wie alt war jeder?

51. Ein ähnliches Beispiel.

Jemand wird gefragt, wie alt er und sein Bruder sei; dieser erwiderte: $\frac{5}{12}$ meines Alters beträgt gerade so viel, als $\frac{2}{3}$ von dem Alter meines Bruders, und ich bin im Ganzen 9 Jahre älter, als mein Bruder. Wie alt war jeder von Beiden?

52. Noch ein anderes.

Jemand, der gefragt wird, wie alt seine beiden Söhne seien, antwortet: Der Älteste ist gerade noch zweimal so alt, als der Jüngste, und quadrirt man die Alterszahl eines Jeden und addirt beide Quadrate, so bekömmt man die Summe 360. Wie alt ist Jeder?

53. Arithmetische Unterhaltung eines Vaters mit seinem Sohne.

Ein Vater, der $51\frac{1}{2}$ Jahr alt ist, fragt seinen Sohn, der $19\frac{3}{4}$ Jahr alt ist: „Wie viel Jahre werden verfließen müssen, bis ich sagen kann, ich bin noch einmal so alt, als Du?“

54. Der durch sich selbst Betrogene.

Ein Mann, welcher an einem Flusse wohnte, machte mit dem Bösen ein Bündniß; dieser versprach ihm alles baare Geld, das er im Hause habe, zu verdoppeln, wenn er damit über die Brücke gehe, und verlangte weiter nichts dafür, als daß er $1\frac{1}{3}$ Thlr. davon in's Wasser werfen solle, wenn er wieder über die Brücke zurückgehe; dies könne er übrigens wiederholen, so oft er nur wolle. Der Einfältige schlug mit Freuden ein, nahm alles baare Geld, welches er im Hause hatte, zusammen und machte den ersten Versuch. Der Böse hielt Wort. Drei Mal in Allem machte er diesen Gang; als er aber zum 3ten Male mit seiner verdoppelten Baarschaft zurückkehrte und den ausbedungenen

Brückenzoll in's Wasser geworfen hatte, war sein ganzes Geld in den Händen des Bösen. Wie groß war die Summe, die der Betrogene zum erstenmal über die Brücke trug?

(à 1 Thaler = 30 Neugroschen)

55. Die sich selbst betrügende Frau.

Es begegneten sich zwei Weiber auf dem Markte, welche Aepfel zu verkaufen hatten; die eine hatte noch $\frac{1}{2}$ Schock, diese sagte: „Ich gebe 2 für $\frac{1}{2}$ Ngr., dies macht $7\frac{1}{2}$ Ngr.; ich will nach Hause gehen, nimm diese Aepfel, verkaufe sie und bring' mir $7\frac{1}{2}$ Ngr." Die andere sagte: „Ich habe auch noch $\frac{1}{2}$ Schock und gebe 3 für $\frac{1}{2}$ Ngr., folglich kann ich 5 Aepfel für 1 Ngr. verkaufen." Sie gab auch jedesmal 5 Aepfel für 1 Ngr.; als sie aber mit Verkaufen fertig war und ihr Geld zählte, hatte sie 12 Ngr. und sollte doch $12\frac{1}{2}$ Ngr. haben; denn die 30 Aepfel, jeweils 2 für $\frac{1}{2}$ Ngr., machten $7\frac{1}{2}$ Ngr. und die 30, jeweils 3 für $\frac{1}{2}$ Ngr., machten 5 Ngr., zusammen $12\frac{1}{2}$ Ngr. Wie ging das zu?

56. Belustigung mit Eiern.

Zwei Personen aßen zusammen Eier; die eine sagte zur andern: „Gieb mir eins von Deinen, so habe ich soviel, wie Du"; die andere antwortete: „Gieb mir eins von Deinen, so habe ich noch einmal soviel, wie Du". Wie viel hatte wohl eine jede Person Eier?

57. Eine ähnliche Belustigung mit Schafen.

Georg hatte eine Anzahl Schafe gekauft, worauf sein Nachbar Carl zu ihm kömmt, um sich über den Handel mit ihm zu unterhalten. „Georg", sagte Carl, „wie viel hast Du Schafe gekauft?" Georg antwortete: „Ich will doch sehen, ob Du es errathen kannst; giebst Du mir 9 Stück von Deinen Schafen, so habe ich gerade drei Mal soviel, als Dir bleibt." Carl sann nicht lange nach und erwiderte: „Ich glaube die Anzahl Deiner gekauften Schafe gefunden zu haben und will aber auch nun sehen, ob Du es erräthst, daß ich richtig gerechnet habe; giebst Du mir nämlich 11 Stück von Deinen Schafen, so habe ich sieben Mal soviel, als Dir bleibt." Georg sagte hierauf: „Ich sehe hieraus, daß Du die Anzahl meiner Schafe richtig gefunden hast." Es ist nun die Frage: Wie viel Schafe hat jeder?

58. Die 3 Freunde.

Fritz, Bast und Hans, die sahen Geld
Auf einem Tische hingezählt.
Fritz sagte drauf: Mein Beutel enthält
Zweimal soviel, als dieses Geld.
Da hab ich dreimal soviel, sagt Bast,
Als Du angeblich im Beutel hast.
Hans wendet sich an Bast und setzt hinzu:
Und ich hab' viermal soviel, als Du.
160 Thaler hatten sie alle Drei;
Rechne nun aus und sag es ohne Scheu,
Wieviel Geld auf dem Tische wohl lag
Und jede Person gehabt haben mag? –

59. Das Schlafgeld.

Zwei Reisenden, Namens Hans und Veit,
Die noch spät zur Abendzeit
In einem Stadt-Gasthaus eintrafen,
Um daselbst die Nacht zu schlafen,
Gab der Wirth gleich zu verstehen,
Daß es die Nacht nicht würde gehen,
Weil alle Betten schon bestellt.
Da erbot sich Hans zu dreifachem Schlafgeld,
Und Veit zum fünffachen, wodurch bei'm Scheiden

Der Wirth 24 Groschen empfing von Beiden.
Wieviel nahm der Wirth gewöhnlich Schlafgeld,
Und wieviel betrug's, was er von diesen erhält?

60. Die vertheilten 100 Thaler unter 18 Personen.

Ein Herr will zwei Familien bedenken
Und will sie mit 100 Thalern beschenken,
Daß jede Person in beiden vom Geld
Eine gleiche Anzahl ganzer Thaler erhält.
Die erste hat Personen 4 und 7.
Die zweite ist um 4 kleiner geblieben.
Wieviel wird jede Familie bekommen
Vom Gelde, was sie zufällig eingenommen?
Und was wird es der Person wohl tragen?
Das kannst Du auch dabei noch sagen.

61. Der Gersten- und Haferverkauf.

12 Viertel Gerste und 20 Viertel Hafer hat
Der Bauer Früchtemann zu Markte in der Stadt.
Für's Viertel Gerste und für's Viertel Hafer löſ'te er,
Zusammen $1\frac{13}{15}$ Thaler,
Und nimmt somit $27\frac{1}{3}$ Thaler ein,
Wie mag denn wohl der Preis jeder Fruchtart gewesen sein?
(à 1 Thaler = 30 Neugroschen, 1 Neugroschen = 10 Pfennige)

62. Die Fruchtverkäufer.

Zwei Landwirthe, Namens Heu und Saat,
Fahren mit Korn und Hafer zur Stadt.
Die Früchte hatte jeder auf dem Wagen
Wie folgt: (die müssen schönes Geld eintragen,
Denn die Städter litten eben Noth,

Sie brauchten Futter und auch Brod)
Heu hatte Korn 18 Viertel, Hafer 30 und 2,
Und Saat: Korn 21, Hafer 20 und 3.
Sie verkauften Beide auf einerlei Weise,
Und lös'ten dadurch nun folgende Preise:
Heu 72 Thaler und 2 Neugroschen auch noch
Saat 69 Thaler und 8 Neugroschen; sagt doch,
Nach diesen Beträgen, die sie eingenommen,
Wie hoch ein Viertel jeder Fruchtart gekommen –?

63. Ein eigner Fall.

Jemand hatte in einem Stall
Ein Heerdchen Schafe, ein eigner Fall
Fand, wie Du sehen wirst, Statt dabei. –
Nahm er davon die Hälft' und drei
Und wenn er den Rest sich 8fach dachte
Oder zu ihnen noch 7 brachte,
So bekommt er stets dieselbe Zahl.
Wieviel Schafe hat er wohl im Stall?

64. Der hohe Mondberg.

Obschon Luna in sternheller Nacht
Den Astronomen oft zu schaffen macht,
So drang doch AEVEL's Adlerblick hinauf,
Berechnete den Mond und seinen Lauf,
Er spricht's sogar in Schrift und Druck es frei:
Schon $\frac{6}{11}$ vom höchsten Mondberg sei
211 Klafter höher als der Berg
Montblanc, er hält – und ist doch auch kein Zwerg –
1 223 Kläfterlein
Und soll der höchste Berg Europa's sein.
Hast Du's verstanden, Freund, so mache Dich daran,
Und gieb des Mondbergs Riesenhöhe an.

65. Die chinesische Mauer.

Die größte aller Mauern auf der Welt,
Steht noch auf China's Grenzen wohl bestellt,
Ist von Granit und andern Steinen aufgeführt,
Alle dreihundert Schritt mit Thürmen schön geziert,
Unten fünfundzwanzig, oben fünftehalb Fuß dick,
Zwanzig hoch, ist ein bewundrungswerthes Meisterstück;
Zieht sich über Thäler, Berg und Ströme dort
Von der Provinz Chen-si bis gelbem Meere fort,
$\frac{1}{15}$ und $\frac{1}{75}$ ihrer Länge
Umfaßt die größte Stadt, mit ihrer Menschenmenge,
Peking wird sie genannt, ihr Umfang ist nicht klein,
Er soll an 24 deutsche Meilen sein. –
Hast Du dazu Lust und Geld und feste Schuh,
Mein Freund, und willst im Schritte Du zusehen,
Wie viel man deutsche Meilen braucht dazu,
Um an der Riesenmauer hinzugehen,
So kannst Du Dich dadurch zwar ambuliren,
Würd'st aber wohl dabei nichts profitiren.
Durch Rechnen kömmt, wie Dir wird sein bekannt,
Man schneller an den Rand – als mit dem Fuß,
Drum lös' nicht mit dem Fuß, nein mit der Hand,
Wie lang die chinesische Mauer sein muß.

66. Die ungleiche Vertheilung.

Ein Vater legte seinen 5 Kindern zu Weihnachten ein Häufchen Wallnüsse hin. Nachdem sie sich rasch darein getheilt haben, nimmt der Vater wahr, daß Franz die meisten, Fritz weniger als Franz, Carl weniger als Fritz, Georg weniger als Carl und Ernst weniger als Georg hat, und machte die Kinder darauf aufmerksam, daß eine solche Vertheilung durchaus nicht brüderlich sei. Franz giebt hierauf einem Jeden soviel, als er schon hat; jetzt hat Fritz die meisten, auch dieser giebt seinen

Geschwistern soviel, als sie schon haben. Carl, der jetzt den größten Theil hat, giebt auch an die Uebrigen soviel ab, als diese bereits haben. Georg thut hierauf dasselbe, und als auch Ernst nun eine solche Theilung gemacht hatte, ergab es sich, daß jedes Kind 32 Nüsse hatte. Wie viel Nüsse hatte jedes Kind nach der ersten, raschen Theilung?

67. Der sonderbare Zufall.

Es trägt Jemand 15 Eier zu Markt, Gänse-, Hühner- und Enteneier; er bekommt für ein Gänseei 3 Pfennige, für ein Hühnerei $1\frac{1}{2}$ Pfennige, und für ein Entenei $\frac{1}{2}$ Pfennig; als er sein gelös'tes Geld zusammenhält, hat er so viel Pfennige, als er Eier hatte; wie viel hat er von jeder Sorte Eier gehabt?

68. Beinahe dieselbe Aufgabe mit Vieh.

Es verkauft Jemand Kühe, Schafe und Schweine, zusammen 60 Stück; er bekommt für jede Kuh 15 Thaler, für jedes Schaf $1\frac{1}{2}$ Thaler, für jedes Schwein $\frac{1}{2}$ Thlr. und lös't dafür soviel Thaler, als er Stück hatte. Wieviel hatte er von jeder Art?

69. Eine ähnliche Belustigung.

Ein Bauer geht mit 100 Thalern zu Markte und will dafür Kühe, Schafe und Schweine, in Allem 100 Stück, kaufen. Eine Kuh kostet 15 Thlr., ein Schaf $3\frac{1}{2}$ Thlr. und ein Schwein $\frac{1}{2}$ Thlr. Wie viel Stück hat er von jeder Art bekommen?

70. Eine Aufgabe ähnlicher Art.

20 Personen, Männer, Weiber und Jungfrauen, stellen eine Festlichkeit an, die ihnen auf 20 Thaler zu stehen kömmt; jeder Mann giebt 2 Thlr., jede Frau 1 Thlr. und jede Jungfrau $\frac{1}{2}$ Thlr. Wieviel Männer, Weiber und Jungfrauen waren es?

71. Noch eine ähnliche Belustigung.

Ein Wildpretshändler fuhr auf den Markt mit Rehen, Frischlingen, Hasen und Rebhühnern. Es waren zusammen 200 Stück, woraus er 200 Thlr. lös'te. Die Rehe ließ er sich mit 5 Thlrn., die Frischlinge mit 2 Thlrn., die Hasen mit 1 Thlr. und die Rebhühner mit $\frac{1}{2}$ Thlr. bezahlen. Wieviel von jeder Art mag er gehabt haben?

72. Die guten und schlechten Häringe.

Eine Köchin hatte 18 Häringe für 18 Groschen gekauft. Es waren gute Häringe für die Herrschaft, das Stück zu 5 Groschen, und schlechte für das Gesinde, 5 Stück für 1 Groschen. Wieviel gute und wieviel schlechte Häringe hatte die Köchin?

73. Die sonderbare Forderung.

Jemand behauptete: ich habe von meinem Nachbar rechts und links zusammen 16 Thaler 14 Neugroschen zu fordern, und meine Forderung an meinen Nachbar rechts beträgt 23 Thaler mehr, als die an meinen Nachbar links. Wieviel hat er von jedem der beiden Personen zu fordern?

74. Die sonderbare Vertheilung.

Zwei Väter und zwei Söhne theilten einstens 3 Häringe unter sich, und es bekam jede Person gerade einen ganzen Häring. Wie ging das zu?

75. Eine andere Vertheilung.

Drei Brüder theilten 4 Häringe so unter sich, daß keiner mehr, als der andere bekam. Sie wurden alle ganz vertheilt. Wie ging das zu?

76. Der sich zu helfen vermeinende Wirth.

Ein Wirth behauptete, 11 Gäste in 10 Betten unterzubringen, und zwar so, daß jeder allein schlief. Wie wollte er das wohl bewerkstelligen?

77. Belustigung mit 12 Rechenpfennigen.

Wie werden 12 Rechenpfennige in drei Reihen gelegt, daß in jeder derselben 4 und in einer Kreuzlinie 6 Stück liegen?

78. Die drei Feinde.

Ein Gensdarm hatte drei Personen zu arretiren, welche A, B und C heißen sollen, und wovon A und C zwar einig waren, aber A und B und auch wieder B und C gegeneinander so bösartig gesinnt waren, daß sie sich ohne Aufsicht augenblicklich das Leben genommen hätten. Unterwegs kamen sie an einen Fluß, über welchen sie auf einem Kahne, der nur zwei Personen auf einmal aufnahm, fahren mußten. Der Gensdarm kam hier in große Verlegenheit, wie er den Fluß wohl auf diese Art zu passiren habe, weil er nie 2 Feinde, als A und B oder B und C, an einer Seite des Flusses zusammen allein lassen durfte. Nach einigem Nachsinnen fiel er auf eine Ueberfahrt, wo er alle Mal zugegen war, wenn sich 2 Mann von genannten Feinden zusammen befanden. Wie geschah die Ueberfahrt?

79. Eine ähnliche Belustigung mit 6 Personen.

Nachdem die drei Arrestanten (siehe die vorige Belustigung) einige Zeit in Verhaft gewesen waren, hatte sich die Feindschaft ganz verloren, und sie vereinigten sich sogar, zu entspringen, was auch bald geschah; allein nicht lange nach der Flucht wurden sie wieder gefangen genommen, und um sie leicht und ohne Gefahr in Verhaft zu bringen, 3 Polizeipersonen übergeben.

Auch jetzt kam dieser Transport wieder an den Fluß, über den sie auf dem Kahne, in welchen sich nur zwei Personen setzen konnten, fahren mußten. Diese Ueberfahrt war den Polizeipersonen sehr unangenehm, indem sie sich ihres Lebens nicht sicher glaubten, wenn auf einer Seite des Flusses 2 Mann von den Flüchtlingen und nur 1 Mann von ihnen, oder auch, wenn 3 Mann von jener Seite und nur 2 Mann von ihrer Seite an einer Seite des Flusses sein sollten. Es ist daher die Frage: wie mußte die Ueberfahrt bewerkstelligt werden, damit bei derselben sich nicht weniger Polizeipersonen, als Flüchtlinge an einer Seite des Flusses befanden?

80. Die künstliche Wallbrücke.

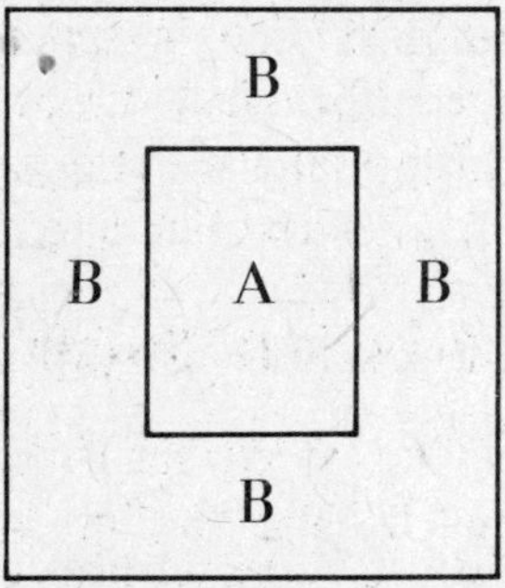

Wenn von vorstehender Figur A ein Schloß und B, B, B, B ein $14\frac{1}{8}$ Fuß breiter Wall mit Wasser angefüllt bedeutet, welcher das Schloß umgiebt; wie ist es möglich, mit zwei 14 Fuß langen Bohlen, die also an keiner Stelle quer über den Wall reichen, hinüberzukommen?

81. Die schwere Aufgabe.

Ach, was ist das für theure Zeit!
Sprach Hans zu seinem Nachbar Veit;
Sieh das Viergroschenbrod nur an,
Und, was es kostet, rathe dann!

82. Die räthselhafte Aufgabe.

Wie viel hatte, gieb mir es an,
Finger und auch Zehen der Mann,
Der einstens schrieb an eine Wand:
Zehn Finger hab' ich an einer Hand
Fünf und zwanzig an Händen und Füßen.
Wie ging das zu? Das möcht' ich wissen.

83. Die Schafe in 2 Ställen.

Jemand wurde gefragt, wieviel Schafe er habe; worauf er antwortete: Ich habe 99 Stück in zwei Ställen, wobei ein eignes Verhältniß Statt findet. Theile ich die Schafe in dem Stalle, in welchem die meisten sind, in 4, und die Schafe in dem Stalle, wo die wenigsten stehen, in 7 gleiche Theile, und nehme nun aus jedem Stalle einen solchen Theil, so betragen diese beiden Theile zusammen 21. Wieviel sind in jedem Stalle Schafe?

84. Die unbestimmte Anzahl Reisender.

Einige Reisende mußten für ihr, in einem Wirthshause verzehrtes Mittagsbrod 8 Thlr. 16 Ngr. bezahlen; jeder gab, um den Betrag zu berichtigen, soviel Neugroschen, als sie Personen waren. Nun ist die Frage: Wieviel Reisende waren es, oder wieviel Groschen mußte jeder bezahlen? (à 1 Thaler = 30 Neugroschen)

85. Der Obsthändler.

Ein Obsthändler fuhr mit 16 Schock und einem Apfel auf den Markt; er verkaufte sie aber nicht alle, sondern behielt noch eine gewisse Anzahl übrig; multiplicirt er diesen Rest Aepfel mit sich selbst, so gab das Product die Zahl seiner Aepfel an, die er auf den Markt fuhr. Wieviel Aepfel hatte der Obsthändler verkauft, wieviel hatte er noch übrig? (à 1 Schock = 60 Stück)

86. Die Taubenverkäuferin und die Rechnerin.

Drei Thaler sollst Du für die Tauben bringen!
Nun trage sie zum Markt! Richt's mit dem Preis wohl ein,
Und will Dir's etwa ja nicht ganz gelingen,
So mögen's – wen'ger 18 Groschen sein!
Doch minder nicht! – Hörst Du's? Nun, Dorchen, laufe,
Daß Du zum Sitz noch kömmst! Du kennst ihn schon.
Das Mädchen läuft und sinnt, wie sie das Heer verkaufe,
Und sinnt – – und drüber flog ein Paar davon.
Weh mir! weint Dorchen, ach, wie wird mir's gehen!
Da setz' ich im Verkauf nun einen Rest!
Ich kann die Frau schon d'rob im Zorne sehen
Und weiß, daß sie mir keinen Deut erläßt.
Den Jammer hört ein Mädchen in der Nähe,
Das klüger ist und trefflich rechnen kann.
Die sagt: Mein Kind, warum Dein Ach und Wehe?
Da läßt sich helfen; nimm doch Rath nur an!
Auf jede Taube mußt Du noch 5 Pfge. schlagen;
Der Tauben auf dem Markt sind heut' nicht viel:
Der Aufschlag läßt sich diesmal sicher wagen;
So kommst gewiß Du bei'm Verkauf zum Ziel.
Das Mädchen wagt's, und steigert so die Preise.
Und – dictum factum! der Erlös ist da!
Zwei Thaler und zwölf Neugroschen sind's! Beweise
Mir schöner eins die Kunst der Algebra! –
Wie das so paßte, möchtet gern Ihr wissen?
Wie kam die Summe so geschickt herein?
Wie viel hat Tauben sie verkaufen müssen?
Wie mag der Preis für's Stück gewesen sein?
Das kannst Du tappend wohl empirisch finden;
Doch wer's versteht, fährt nicht so hin und her;
Der stellt die Rechnung auf nach festen Gründen
Und löset sie, das Kunststück hält nicht schwer!
(à 1 Thaler = 30 Neugroschen, 1 Neugroschen = 10 Pfennige)

87. Die Schafe in 4 Ställen.

In 4 Ställen hatte Herr Froh
105 Schafe, doch aber so,
Daß jeder Stall so viele mehr
Enthält, als das nächstvor'ge Heer.
So ähnlich einer Progression
Und zwar einer geometrischen;
Wie viele Schaf', mein lieber Sohn,
Sind, sag's, in jedem Stalle denn?

88. Die große Rechnung und das kleine Resultat.

Welches ist die Zahl, die, wenn man zu ihr 9 addirt, von der erhaltenen Summe 19 subtrahirt, den Rest mit 9 multiplicirt, das Product mit 3 dividirt, aus dem Quotienten die Quadratwurzel auszieht und von der Quadratwurzel 17 abzieht, die Zahl 1 giebt?

89. Benennung des geehrten Lesers.

Wenn man die deutschen Namen nachstehend zu berechnender 5 Zahlen buchstäblich hinschreibt und von jedem der ersten vier Namen den ersten Buchstaben, von den letzten aber den mittelsten Buchstaben nimmt und zu einem Worte verbindet, so wird man darauf wetten können, daß das Wort den geehrten Leser oder Errather benennt. Die Zahlen können nach folgenden Angaben gefunden werden. Die Kubikwurzel von 1 860 867, ist um 877 kleiner als die Quadratwurzel der ersten Zahl. Wird zu der zweiten Zahl $\frac{1}{7}$ addirt, so wird dies eine Zahl von der Art, daß, wenn zu ihr 8 addirt, oder sie mit 8 multiplicirt wird, einerlei Größe herauskommt. Die dritte Zahl ist von der Eigenschaft, daß, wenn sie mit 1 oder 2 od. 3 od. 4 od. 5 od. 6 od. 7 od. 8 od. 9 od. 10 multiplicirt und die Ziffern eines jeden Products als Einer betrachtet zusammenaddirt werden, die Summe jedesmal dieser dritten Zahl gleich ist. Die vierte Zahl ist das erste Glied einer geometrischen Progression von 4 Zahlen, deren Summe 90 ist. Wird das Quadrat der fünften Zahl durch sich selbst multiplicirt und 96 davon abgezogen, so bleibt 4000. Welches sind die Zahlen, und wie heißt das Wort?

90. Die in's Quadrat gehobenen 9 Thlr. 29 Ngr. 9 Pfg.

Werden 10 Thlr. in's Quadrat gehoben, d. i., mit sich selbst multiplicirt, so kommen 100 Thaler heraus; wie viel kommt aber heraus, wenn man einen Pfennig weniger, als 10 Thaler, nämlich 9 Thlr. 29 Ngr. 9 Pfg. in's Quadrat erhebt oder mit sich selbst multiplicirt?

91. Die Wechselgäste.

An einer Wirthstafel werden regelmäßig täglich zu Mittage und zu Abend 10 Gäste bewirthet, die untereinander bestimmen: sich bei jeder Mahlzeit in einer andern Ordnung zu Tische zu setzen, bis alle mögliche Ordnungen unter ihnen Statt gefunden hätten. Wie lange würden die 10 Gäste auf diese Art speisen müssen, wenn es möglich wäre, die gemachte Bestimmung wirklich erfüllen zu können?

92. Die unüberlegte Einwilligung.

Man erzählt sich, daß ein reicher Kaufmann auf einer unternommenen Reise in ein Gasthaus gekommen sei, in welchem es demselben sehr gut gefallen und er sich deßhalb eine geraume Zeit aufgehalten habe. Sowohl der Kaufmann als der Wirth des Gasthauses wären sehr gute Schachspieler gewesen und hätten sich oft mit diesem Spiel unterhalten. Vor der Abreise des Kaufmanns, wo beide Herren mit diesem Spiele eben auch geendigt hatten, habe der Kaufmann den Wirth gefragt, was er ihm schuldig sei? Der Wirth habe geantwortet: Wenn Sie wollen, so will ich von Ihnen kein Geld, und ich glaube, es wird Ihnen nicht unangenehm sein, wenn Sie mich mit einem Artikel von ihren Waaren bezahlen können. Sie sollen mir nämlich so viel Kaffee zusenden, daß ich davon auf das erste Feld dieses Schachbretes 1, auf das zweite Feld 2, auf das 3te Feld 4, auf das 4te 8, auf das 5te 16 Kaffeebohnen legen könnte und so fort bis zum 64. Felde, so daß auf jedes folgende Feld immer noch einmal so viel Bohnen kommen, als auf das vorletzte. Der Kaufmann, der gerade nicht sparsam gelebt habe, sei mit dieser ihm billig scheinenden Rechnung zufrieden gewesen und habe versprochen, es zu Hause zu berechnen und den Betrag zu übersenden. Wieviel Kaffeebohnen hätte der Kaufmann übersenden müssen?

93. Die erbetene Belohnung.

Der arabische Geschichtsschreiber (ASEPHAD) berichtet: DAHOR, der Erfinder des Schachspiels, hätte sich von SCHERAN, König in Indien, eine Belohnung wählen sollen, und habe sich die Summe der Weizenkörner erbeten, die herauskommen würden, wenn für das erste Feld 1, für das zweite 2, für das dritte 4 und so für jedes folgende der 64 Felder immer doppelt soviel Körner als in das vorhergehende gerechnet würden. – Es scheint zwar, als wenn ein König diese Forderung leicht erfüllen könnte; allein man wird das Gegentheil finden, wie auch die vorige ähnliche Aufgabe nachweis't, denn es kommen 18,446,744,073,709,551,615 Körner heraus, eine Körnermenge, wovon man sich durch Berechnung folgender Angaben einigermaßen einen Begriff machen kann. – a. Wieviel Scheffel beträgt diese Körnersumme, wenn man 7,700 Körner auf 1 Pfund und 80 Pfund auf 1 Berliner Scheffel rechnet? – b. Wieviel zweispännige Wagen würden erforderlich sein, diese Körnermasse fortzuschaffen, wenn ein Wagen mit 40 Scheffeln beladen würde? – c. Wieviel Meilen lang würde sich die Wagenreihe erstrecken, da ungefähr 700 zweispännige dicht hintereinander fahrende Wagen eine deutsche Meile einnehmen? – d. Wieviel mal würde eine solche Wagenreihe um die Erdkugel reichen, da deren Umkreis 5,400 Meilen hat? – e. Wieviel mal größer müßte das feste Land der Erde sein, um soviel Weizen in einem Jahre bauen zu können, da dasselbe 3,059,675 Quadratmeilen beträgt, davon jede 21,564 Morgen hält, und annimmt, daß der ganze Flächenraum des festen Landes lauter gutes Land wäre und mit Weizen bestellt, auf jeden Morgen 7 Scheffel geerndtet würden? – f. Wieviel jährliche preußische Staatseinnahmen, die gegen 50,000,000 Thaler betragen sollen, würden erforderlich sein, diese Weizenmasse zu bezahlen, wenn man einen Scheffel zu $2\frac{1}{2}$ Thaler rechnet?

94. Die Billion Secunden.

Eine Secunde ist ein so kleines Theilchen der Zeit, daß man glauben sollte, eine Billion Secunden bald verlebt zu haben. a. Wird Adam, der ein Alter von 930 Jahren erreicht haben soll, wohl eine Billion Secunden alt geworden sein? – b. Wieviel mal älter hätte er werden müssen, um soviel Secunden erlebt zu haben?

95. Die Billion Pfennige.

Ein Pfennig hat einen sehr geringen Werth, und man sollte daher meinen, daß mancher Reiche einen Reichthum von einer Billion Pfennige besäße. Wenn dies nun auch der Fall wäre, würde es wohl möglich sein, daß ein Mensch eine Billion Pfennige zählen könnte, wenn er auch in jeder Minute, Tag und Nacht, 120 Stück hinzählte, oder könnte Jemand wohl ein solches Vermögen durchbringen, wenn er auch ein so großer Verschwender wäre, daß er Tag und Nacht in jeder Stunde 1000 Thaler ausgäbe? Als Antwort berechne man folgende drei Fragen: a. Wieviel geben eine Billion Pfennige Thaler (à 300 Pf. = 30 Ngr. = 1 Thlr.)? b. Wieviel Jahre sind zum Zählen einer Billion Pfennige erforderlich (à Jahr zu 365$\frac{1}{4}$ Tag)? c. Wie lange Jemand könnte auf so eine verschwenderische Art von der Thalersumme, welche eine Billion Pfennige giebt, leben?

96. Die Milchstraße.

Wenn schon die Entfernung der Sonne von der Erde, nach neuen Beobachtungen der Astronomen, 20,665,838 geograph. Meilen beträgt und eine ungeheure Entfernung zu nennen ist, wieviel mehr muß dieses dann von den unzähligen Sternen der Milchstraße gelten, die, nach LAMPERT's Berechnung, 103,132,500,000 mal weiter als die Sonne von uns entfernt sein sollen. Es ist schwer, sich von einer solchen Entfernung einen deutlichen Begriff zu machen. Wieviel Jahre wird das Licht brauchen, welches in jeder Secunde 40,000 Meilen durchfliegt, um von der Milchstraße die Erde zu erreichen? (Das Jahr zu 365$\frac{1}{4}$ Tage gerechnet.)

97. Der seufzende Schneider.

Ein Schneider litt am Unterleib,
Und seufzte dann, zum Zeitvertreib
Bei jedem Stiche zweimal auf,
Da ward der Seufzer ein großer Hauf.

Nun näht' er einer Pfarrmamsell
Einen Winterpelz von Hamsterfell;
Bei Leder war es leider Brauch,
Daß unser vielgeplagter Gauch
Der Seufzer dreie von sich ließ,
So oft er durch das Pelzwerk stieß.

Wenn nun der Stiche ganzes Heer,

Mein Leser, zwanzigtausend wär',
Und von der Summe, groß und viel,
Die Hälfte in das Pelzwerk fiel,
Die andre Hälfte sonst im Kleide
Statt hätt', so wär' mir's große Freude,
Könnt' Einer es mir offenbaren,
Wieviel des Schneiders Seufzer waren?

98. Die Lebensuhr.

Freundchen, willst Du wohl erwägen,
Was ich zu sagen bin bereit:
Es soll nämlich von Pulsesschlägen
Abhängen unsre Lebenszeit;
Es hat's ein Mann von Geist gesagt,
Drum sei es auch von mir gewagt.
Durchschnittlich schlägt an 60 Mal
Das Herz in einer Minute;
Gewöhnlich ist 70 die Zahl
Der Jahr' bei ruhigem Blute.
Ist so die Schlägezahl verschwunden,
So endigen die Lebensstunden.
Bringt aber man durch Uebermaß
Das Blut in schnelleren Umlauf,
Und steigert's ohne Unterlaß
Zu 75 Schlägen 'nauf,
So läuft die Lebensuhr eh'r ab,
Und bringet früher uns in's Grab.
Drum laßt uns üben Mäßigkeit,
Sie bringt uns an das rechte Ziel,
Giebt frohen Muth und Gesundheit,
Auch Freuden, unaussprechlich viel.
Wie viele Jahre kürzt so, halter,
Unmäßigkeit das Lebensalter? –

99. Zauberquadrat von 9 Feldern.

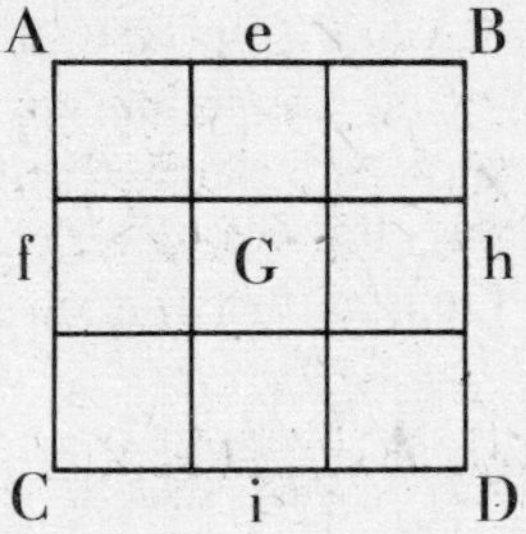

Wie werden in ein z. B. auf den Tisch gezeichnetes, der obigen Figur ähnliches Quadrat ABCD die neun Zahlen von 1 bis 9 so in die neun Felder geschrieben, daß die Summe von je drei in einer Reihe stehenden Zahlen, man mag eine horizontale oder eine verticale oder auch eine Diagonalreihe nehmen, immer dieselbe Summe, nämlich 15, giebt?

100. Zauberquadrat von 16 Feldern.

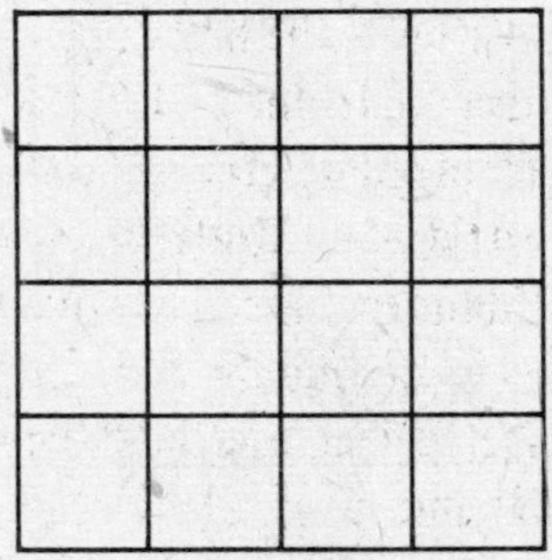

Wie werden die sechszehn Zahlen von 1 bis 16 so in obiges Quadrat vertheilt, daß, wenn man die Zahlen addirt, welche in den vier Feldern in einer und derselben Reihe stehen, die Summe immer 34 beträgt?

101. Zauberquadrat von 25 Feldern.

In ein Quadrat von 25 Feldern sollen die Zahlen von 1 bis 25 so vertheilt werden, daß, wenn man je fünf in einer Reihe stehende Zahlen, es mag dieses eine horizontale oder eine verticale oder auch eine Diagonalreihe sein, addirt, immer die Summe 65 herauskömmt. Wie kann die Vertheilung geschehen?

102. Zauberquadrat von 36 Feldern.

Die Zahlen von 1 bis 36 sollen in ein Quadrat von 36 Feldern vertheilt werden, daß, wenn man die Zahlen addirt, welche in den sechs Feldern in einer und derselben Reihe stehen, immer die Summe 111 herauskömmt. Welche Stellung müssen die 36 Zahlen haben?

103. Drei Zauberquadrate geometrischer Progression.

16	512	4
8	32	128
256	2	64

24	768	6
12	48	192
384	3	96

56	1792	14
28	112	448
896	7	224

Wenn die in den drei Quadraten befindlichen 27 Zahlen auf ebensoviel Karten geschrieben sind, sie so zu mischen und ganz oder zum Theil unter 3 Personen so auszutheilen, daß alle Personen, wenn jede die erhaltenen Zahlen mit einander multiplicirt, gleiche Producte erhalten.

104. Drei Zauberquadrate arithmetischer Progression.

4	9	2
3	5	7
8	1	6

13	18	11
12	14	16
17	10	15

22	27	20
21	23	25
26	19	24

Diese drei Quadrate enthalten die Zahlen von 1 bis 27 und können, wenn sie auf ebensoviel Karten geschrieben sind, gemischt und eine Karte nach der andern, oder drei auf einmal, oder auch einer jeden Person drei, sechs oder neun Karten drei Personen gegeben werden, wodurch alle drei Personen immer einerlei Summe erhalten.

105. Die fünf gleichgroßen Summen.

Wie ist es möglich, 25 Karten, worauf die Zahlen von 1 bis 25 geschrieben stehen, so unter 5 Personen zu vertheilen, daß jede derselben 5 erhalte und die Summe der Zahlen bei jeder Person gleich sei, obgleich man beliebig zuerst zwei und dann drei, oder zuerst drei und dann zwei Karten ausgiebt?

106. Das Quadrat.

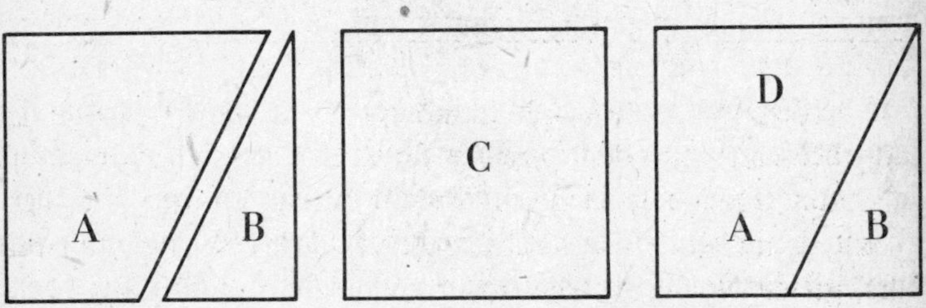

Wie lassen sich 9 von Karten geschnittene Stücke, wovon 4 die Gestalt und Größe wie A, und 4 wie B haben, und 1 der Figur C gleicht und wenn A an B gelegt wird, wie Figur D zeigt, ein Quadrat = C giebt, – zusammensetzen, daß dadurch ein 5mal so großes Quadrat als C entsteht?

107. Die künstliche Zerschneidung.

Von zwei verschieden langen und breiten Papierstücken, wie z. B. A und B der nachstehenden Figuren, soll eins einmal durchschnitten werden, daß, wenn die zwei Theile des zerschnittenen Papieres wieder aneinandergesetzt werden, es nun genau so lang und breit sein muß, als das, welches nicht zerschnitten wurde. Wie geschieht dieß?

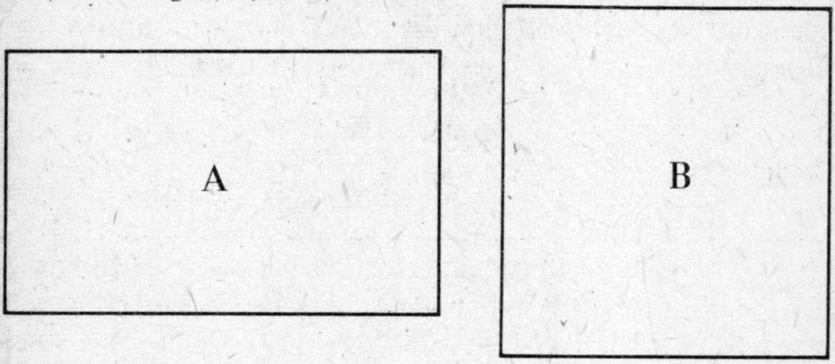

108. Der geschickte Schreiner.

Einem Schreiner wurde ein 12 Zoll langes und 12 Zoll breites Bret gereicht, womit er eine 16 Zoll lange und 9 Zoll breite Oeffnung in einem Fußboden auskleiden sollte. Bei'm ersten Vergleiche fand er zwar den Quadratgehalt des Bretes mit dem der Oeffnung ganz gleich und folglich das Bret zur Ausfüllung der Oeffnung hinlänglich, trug aber Bedenken, das Bret zu dem Behufe wohl in 5 Stücke schneiden zu müssen. Da aber eine solche Zerstückelung nicht gewünscht wurde, so schnitt er nach kurzer Ueberlegung das Bret nur einmal durch und füllte denn das Loch genau damit aus. Es sei z. B. von nachstehenden Figuren **A** das Bret und **B** die Oeffnung, wie mußte der Schnitt sein?

109. Das Viereck.

Wie wird durch 3 Schnitte ein noch einmal so langes, als breites Viereck aus Papier in 8 Quadrattheile zerlegt? Z. B. folgende Gestalt:

110. Wer von 30 Rechenpfennigen den letzten wegnimmt, hat gewonnen.

Wie werden 30 auf den Tisch gelegte Rechenpfennige mit noch Jemandem sämmtlich nach und nach so weggenommen, daß immer einer um den andern eine beliebige Anzahl, aber nicht über 6 Stück, nehmen darf, und man auf solche Weise zuletzt davon nimmt, indem der zuletzt Wegnehmende gewonnen hat?

111. Aus einem Quadrate zwei zu machen.

Wie zerlegt man ein quadratähnliches Blatt Papier, z. B. folgender Zeichnung gemäß, in zwei Quadrate von gleicher Größe?

112. Der Krampfenschnitt.

Wie kann eine aus einem Stückchen Brod, Rüben etc. geschnittene Figur, welche folgende Gestalt hat, durch 2 Schnitte mit einem Messer in 6 Theil getheilt werden?

113. Die künstliche Zerlegung.

Hat man folgende Figuren, ein Quadrat und eine unregelmäßige Fläche mit Kreide auf den Tisch gezeichnet, so werfe man die Frage auf, wie werden die Figuren in 4 Theile zerlegt, daß jeder Theil an alle drei übrigen zugleich grenzt?

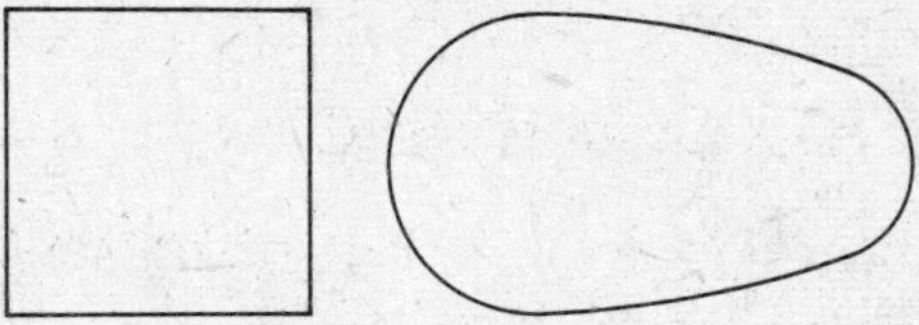

114. Wer zuerst 99 erreicht, hat gewonnen.

Zwei Personen bereden sich, daß eine von beiden eine beliebige Zahl angeben, die andere eine Zahl daraus finden soll, nun beide Personen abwechselnd etwas dazu addiren, welches aber nie über eine von beiden zugleich bestimmte Zahl hinausgehen darf, und daß die gewonnen haben soll, welche die von der einen Person beliebig angegebene Zahl durch die Addition zuerst erreicht. Es kommt hier alles darauf an, daß die Person, welche die Zahl zu suchen hat, zu der addirt werden soll, die richtige Zahl finden könne und sich durch das, was sie zuaddirt, in einer gewissen arithmetischen Progression erhält, um sich den Gewinnst des Spiels zueignen zu können, der dieser Person auf diese Weise jedenfalls zu Theil werden muß. Es sei nun z. B. die Gewinnstzahl oder die zu erreichende Zahl 99, und es soll nie über 7 dazuaddirt werden: mit welcher Zahl wird man anfangen müssen, und welches sind die Glieder der arithmetischen Progression, in deren Besitz man sich bei der Addition erhalten muß, um 99 zu erreichen?

115. Künstliche Wegnahme.

Ein Vater legte 36 Nüsse in ein Quadrat nachstehender Gestalt auf den Tisch und sagte zu seinem Sohne: „Kannst Du 6 Stück so wegnehmen, daß in jeder wag- und senkrechten Reihe eine gerade Anzahl Nüsse liegen bleiben, so sollen Dir die 6

Nüsse geschenkt sein.“ Der Sohn nahm hierauf auch wirklich auf die ausbedungene Weise 6 Stück davon: welche waren es wohl?

Lage der Nüsse?

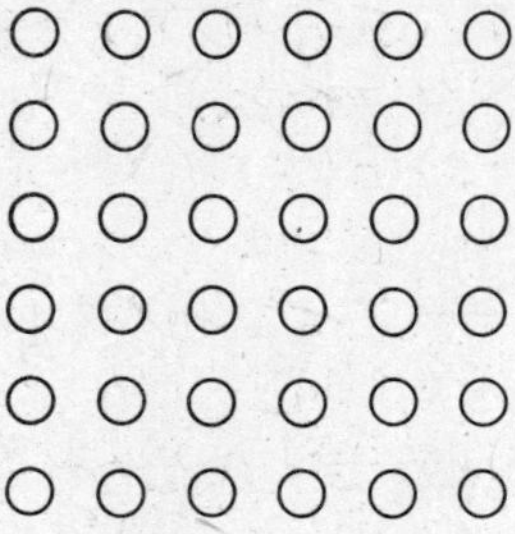

116. Der gehobene Streit.

Es kam einst eine Gesellschaft in Streit, wovon ein Theil behauptete, daß die verschiedenen Stände der Menschen bei Gott auch in verschiedenem Ansehen ständen. Der andere Theil der Gesellschaft aber behauptete das Gegentheil, nämlich, daß wir alle Menschen wären und vor Gott kein Ansehn der Person gelten würde. Um diesen Streit zu beseitigen, sagte einer aus der Gesellschaft: er wolle genau durch Rechnen beweisen, welcher Theil der Gesellschaft Recht habe. Nachdem dieser Vorschlag angenommen war, wählte er neun verschiedene Stände, vom Bauer bis zum Kaiser, holte nun 45 Rechenpfennige aus seiner Tasche, gab davon einer Person, die den Bauer vorstellen sollte, 1 Rechenpfennig; einer zweiten Person, welche den Bürger vorstellen sollte, gab er zwei Pfennige; einer dritten Person gab er drei Pfennige, diese sollte den Edelmann vorstellen; und so fuhr er fort mit Ausgeben seiner Rechenpfennige, daß er nämlich einer vierten Person, die den Freiherrn vorstellen sollte, 4; einer fünften, die den Grafen vorstellte, 5; einer sechsten, die den Fürsten vorstellte, 6; einer siebenten, die den Herzog vorstellte, 7; einer achten, die den König vorstellte, 8; und endlich einer neunten, die den Kaiser vorstellen sollte, die 9 letzten Stücke gab. Hierauf gab er eine Ziffer an, womit jede Person die Anzahl der ihr gegebenen Rechenpfennige multipliciren und das dadurch erhaltene Product mit Kreide auf den Tisch schreiben sollte. Nachdem dies geschehen war, bat er, daß jede Person die Zahlen ihres Products, als einer betrachtet, zusammenaddiren und die Summe laut nennen sollte, woraus sich ergab, daß neun gleiche Summen angegeben wurden. Nun sprach er: Nach dieser Berechnung bin ich auch der Meinung, daß alle Menschen Kinder eines Vaters sind; denn sehet, obgleich ich jeder Person eine andere Anzahl Rechenpfennige gab und sie alle mit einer und derselben Zahl multipliciren ließ, so kommen doch neun gleiche Summen heraus. Mit welcher Ziffer ließ er multipliciren, und welche Summen wurden angegeben?

117. Die ausgelöschte Ziffer in der Summe eines Additionsexempels zu nennen.

Wie wird man die ausgelöschte Ziffer in der von einer andern Person zusammenaddirten Summe einer Additionsaufgabe nennen können?

118. Künstliche Art, schnell zu addiren.

Unter gewissen Additionsaufgaben, die theils von einer andern Person und theils selbst gegeben sind, kann man die Summe schreiben, ohne eine eigentliche Addition angestellt zu haben. Wie müssen dergleichen Aufgaben beschaffen sein?

119. Die Summe einer durch Multiplication herausgebrachten Zahl zu nennen.

Wie ist es möglich, wenn sich eine Person eine Zahl von 1 bis 20, jedoch die 11 nicht mitgerechnet, wählt und dieselbe mit einer Zahl, die man ihr angiebt, multiplicirt, daß man die Summe der Ziffern des herausgebrachten Products nennen kann?

120. Die ausgelöschte Ziffer des Facits eines Multiplicationsexempels zu nennen.

Wenn eine Person eine Reihe von 5, 6, 7 etc. beliebigen von Null verschiedenen Ziffern mit einer ihr angegebenen Zahl multiplicirt und dann die beiden Factoren und von dem Facit eine beliebige Ziffer wegwischt, wie kann man nun, hinzutretend, die hinweggelöschte Ziffer des Facits nennen?

121. Die im Voraus hingeschriebene Summe.

Man kann eine Ziffernreihe als Summe einer Additionsaufgabe hinschreiben, bevor die Aufgabe, die man theils selbst und theils von andern Personen bilden läßt, gegeben ist. Wie muß die Aufgabe beschaffen sein, damit die vorher hingeschriebene Ziffernreihe die richtige Summe sei?

122. Die Lieblingsziffer.

Wenn man die Ziffern von 1 bis 9, jedoch mit Hinweglassung der 8, in eine Reihe geschrieben hat, dann sagt man zu einer Person aus der Gesellschaft, sie sollte eine Ziffer von 1 bis 9 (incl. 8) als ihre Lieblingsziffer nennen, und wenn sie hierauf die hingeschriebene Ziffernreihe mit einem ihr genannten Multiplicator multiplicirt habe, so würde das Product die genannte Lieblingsziffer neun Mal zeigen. Mit welchen Zahlen muß die Person multipliciren, um die gewünschten Ziffern zu erhalten?

123. Künstliche Zusammensetzung.

Wie können aus den zehn Ziffern 0, 1, 2, 3, 4, 5, 6, 7, 8, 9 Additionsaufgaben gebildet werden, wovon jede derselben sämmtliche zehn Ziffern, aber jede Ziffer nur einmal, enthält, und die Summe jeder Aufgabe 100 betragen muß.

124. Die Weinerbschaft.

Ein Vater von 3 Söhnen und 3 Töchtern hinterläßt unter andern auch 14 volle, 14 halbvolle und 14 leere gleich große Weinfäßchen, und hat darüber in einem Testamente verordnet, daß jedes Kind gleichviel volle, gleichviel halbvolle und gleichviel leere Fäßchen bekommen sollte, und zwar sollten sich zuerst die 3 Söhne in 7 volle, 7 halbvolle und 7 leere Fäßchen so theilen, daß keins der vollen Fäßchen angebrochen werde. Dann sollten sich auch die 3 Töchter in die übrigen 7 volle, 7 halbvolle und 7 leere Fäßchen so theilen, daß jede gleichviel Wein und Fäßchen erhalte und dabei jedes Fäßchen seine Quantität Wein behalten sollte. Wie mußten wohl die Söhne und Töchter bei der Theilung verfahren, um den testamentarischen Verfügungen genau nachzukommen?

125. Das Alter einer Person zu wissen.

Wie kann man aus einen Büchelchen von sieben Seiten und etwa fünf Zoll in's Quadrat, in welchem folgende Zahlen auf nachstehende Art enthalten sind, das Alter einer Person wissen?

(Erste Seite.)

1.

1	3	5	7	9	11	13	15
17	19	21	23	25	27	29	31
33	35	37	39	41	43	45	47
49	51	53	55	57	59	61	63
65	67	69	71	73	75	77	79
81	83	85	87	89	91	93	95
97	99	101	103	105	107	109	111
113	115	117	119	121	123	125	127

(Zweite Seite.)

2.

2	3	6	7	10	11	14	15
18	19	22	23	26	27	30	31
34	35	38	39	42	43	46	47
50	51	54	55	58	59	62	63
66	67	70	71	74	75	78	79
82	83	86	87	90	91	94	95
98	99	102	103	106	107	110	111
114	115	118	119	122	123	126	127

(Dritte Seite.)

3.

4	5	6	7	12	13	14	15
20	21	22	23	28	29	30	31
36	37	38	39	44	45	46	47
52	53	54	55	60	61	62	63
68	69	70	71	76	77	78	79
84	85	86	87	92	93	94	95
100	101	102	103	108	109	110	111
116	117	118	119	124	125	126	127

(Vierte Seite.)

4.

8	9	10	11	12	13	14	15
24	25	26	27	28	29	30	31
40	41	42	43	44	45	46	47

56	57	58	59	60	61	62	63
72	73	74	75	76	77	78	79
88	89	90	91	92	93	94	95
104	105	106	107	108	109	110	111
120	121	122	123	124	125	126	127

(Fünfte Seite.)

5.

16	17	18	19	20	21	22	23
24	25	26	27	28	29	30	31
48	49	50	51	52	53	54	55
56	57	58	59	60	61	62	63
80	81	82	83	84	85	86	87
88	89	90	91	92	93	94	95
112	113	114	115	116	117	118	119
120	121	122	123	124	125	126	127

(Sechste Seite.)

6.

32	33	34	35	36	37	38	39
40	41	42	43	44	45	46	47
48	49	50	51	52	53	54	55
56	57	58	59	60	61	62	63
96	97	98	99	100	101	102	103
104	105	106	107	108	109	110	111
112	113	114	115	116	117	118	119
120	121	122	123	124	125	126	127

7.

64	65	66	67	68	69	70	71
72	73	74	75	76	77	78	79
80	81	82	83	84	85	86	87
88	89	90	91	92	93	94	95
96	97	98	99	100	101	102	103
104	105	106	107	108	109	110	111
112	113	114	115	116	117	118	119
120	121	122	123	124	125	126	127

126. Die von einer Person in Sinn genommene Zahl zu nennen.

Wenn eine Person sich eine Zahl gedacht hat, und dieselbe hierauf mit 2 multipliciren, dann noch 5 dazu addiren, diese Summe wieder mit 5 multipliciren, zu dem Product 3 addiren, das dadurch Erhaltene wieder mit 10 multipliciren, dann noch 3 dazu addiren und von dieser Summe 150 abziehen läßt; wie kann man aus dem jetzt bleibenden Rest, den man sich angeben läßt, die von der Person gedachte Zahl wissen?

127. Eine Aufgabe ähnlicher Art

Hat man Jemand eine beliebige Zahl von 7 bis 105 wählen und für sich hinschreiben, diese Zahl aber mit 3, 5 und 7 dividiren, dann jeden Rest der drei Divisionen mit einer anderen Zahl multipliciren, und zwar den Rest, wo 3 der Divisor war, mit 70, wo 5 der Divisor war, mit 21, wo der Divisor 7 war, mit 15, die drei Producte zusammenaddiren und die dadurch erhaltene Summe sich nennen lassen; wie kann aus der genannten Summe die gewählte Zahl gefunden werden?

128. Eine von Jemandem in Sinn genommene Zahl zu errathen.

Hat man auf jedes von 25 Kartenblättern eine beliebige Zahl geschrieben und dieselben, wie unten in ein Quadrat gelegt, daß allemal fünf Blätter neben und unter einander liegen, und hat sich nun Jemand von diesen 25 Zahlen eine nach Belieben gewählt: wie ist die gewählte Zahl anzugeben?

20	24	14	10	32
72	16	84	88	50
12	41	93	64	18
15	30	80	54	61
44	51	42	78	28

129. Die errathene Rechnung.

Läßt man Jemand eine beliebige Zahl sich denken, diese Zahl mit 2 multipliciren, dann zu diesem Product irgend eine gerade Zahl addiren, diese Summe halbiren oder, was einerlei ist, durch 2 dividiren und die gedachte Zahl davon abziehen; wie kann man nun die übrig gebliebene Zahl, ohne die Rechnung selbst zu sehen, oder sich etwas sagen zu lassen, nennen?

130. Eine ähnliche Belustigung.

Wenn man eine Person eine beliebige Zahl auf den Tisch schreiben und dieselbe dann mit verschiedenen Zahlen multipliciren und dividiren läßt, wie kann man am Ende sowohl das letzte Product der Rechnung als auch die von der Person gewählte Zahl nennen?

131. Eine gewählte Zahl zu errathen.

Hat man die Zahlen von 1 bis 12 auf folgende Art in einen Kreis geschrieben und eine Person aufgefordert, bei irgend einer Zahl einen Punct zu machen, wovon die Berechnung abhängen soll und hierauf eine andere Person gebeten, sich eine beliebige Zahl von den 12 Zahlen zu wählen: auf welche Weise wird man diese gewählte Zahl angeben können?

Zahlenkreis

11 12 1
10 2
9 3
8 4
7 6 5

132. Zwei in Sinn genommene Zahlen anzugeben.

Nach welcher Rechnungsart ist es möglich, einer Person zwei Zahlen zu nennen, die sie in Gedanken genommen hat?

133. Fünf gewählte Zahlen anzugeben.

Wie können die von einer Person beliebig gewählten fünf aufeinander folgenden Zahlen angegeben werden?

134. Auszurechnen, wieviel Jemand Geld im Beutel habe.

Hat man eine Person aufgefordert, daß sie ihr Geld mit 50 multipliciren, zu dem erhaltenen Producte 72 addiren, von der Summe 111 abziehen, zu dem Reste wieder 39 addiren, diese Summe mit 5 dividiren und den dadurch erhaltenen Quotienten nun sagen solle, wie kann man daraus wissen, wieviel die Person Geld im Beutel habe?

135. Eine ähnliche Belustigung.

Auf welche Art kann man aus den angegebenen Resultaten der Rechnung das im Beutel habende Geld einer Person wissen, wenn man die Person sogar die Zahlen bestimmen läßt, womit sie multipliciren und wie oft sie mit 2 dividiren will?

136. Eine Anzahl Rechenpfennige errathen.

Wenn eine Person nach eigenem Belieben eine Anzahl Rechenpfennige in zwei untereinander stehenden Reihen auf den Tisch legt, so daß in der untern Reihe einer weniger, als in der obern Reihe liegt, und man nun von der obern Reihe eine bestimmte Anzahl Pfennige wegnehmen läßt, dann auch von der untern Reihe soviel, als oben noch übrig sind, hierauf endlich alle die noch in der obern Reihe übrigen Rechenpfennige, wie kann man nun angeben, wieviel Stück noch liegen bleiben?

137. Die Augen zweier Würfel auszurechnen.

Wenn man Jemand einen Wurf mit zwei Würfeln thun, die obern Augen des einen Würfels mit 2 multipliciren, dann 5 dazuaddiren, hierauf wieder mit 5 multipliciren, zu dem Producte die Ziffer der zu oberst stehenden Augen des andern Würfels addiren und die herauskommende Summe sich nennen läßt, auf welche Weise wird man alsdann die Augen der beiden Würfel wissen können?

138. Die Augen dreier Würfel auszurechnen.

Läßt man eine Person mit drei Würfeln werfen und sie dann in eine Reihe neben einander rücken, nun die Augen des ersten Würfels zur Linken mit 2 multipliciren, dazu 5 addiren, diese Summe wieder mit 5 multipliciren, zu diesem Producte die Ziffer der Augen des zweiten Würfels addiren, diese Summe wieder mit 10 multipliciren, die Ziffer der Augen des dritten Würfels dazuaddiren und sich nun die herauskommende Summe nennen: wie kann man aus derselben die Augen der drei Würfel wissen?

139. Die Augen dreier Würfel und dann noch zwei Mal von zwei Würfeln die Augen dazuaddirt zu wissen.

Läßt man, nachdem man sich etwas entfernt hat, eine Person mit drei Würfeln einen Wurf thun, die geworfenen Augen zusammenaddiren, sodann auch noch unter die Augen von zwei Würfeln – von diesen dreien –, die die Person mit der Hand in die Höhe heben und umdrehen muß, dazuzählen (der dritte Würfel bleibt unangerührt liegen) und hierauf die oben und unten gezählten, noch in der Hand habenden zwei Würfel nochmals hinwerfen und davon die Augen (nur die obern) ebenfalls noch zu der noch im Sinn habenden Zahl der bereits zusammengezählten Augen addiren und diese Anzahl Augen die Person sich merken: wie wird man, wenn man nun hinzutritt, die Zahl der auf diese Weise zusammengezählten und von der Person gemerkten Augen sagen können?

140. Belustigung mit einem Ringe.

Wenn Jemand aus der Gesellschaft insgeheim einen Ring an einen beliebigen Finger der rechten oder linken Hand und an irgend ein Gelenk dieses Fingers steckt, wie wird man es berechnen können, bei welcher Person, an welcher Hand, an welchem Finger und Gelenk der Ring sich befinde?

141. Die Augenzahl der untersten Karten von drei Häufchen zu berechnen.

Hat man eine Person aus einem Spiele deutscher Karten drei Häufchen so machen lassen, daß sie erst ein Blatt ansehe, wieviel Augen es enthält. – Die Sieben wird 7, die Achte 8, die Neune 9, die Zehne 10, der Unter 2, der Ober 3, der König 4 und das Daus 11 Augen gerechnet; – wäre z. B. das angesehene Blatt ein König, so gilt es 4 Augen, und es muß die Person noch soviel Blätter darauf legen, daß durch die Anzahl derselben die Augenzahl des Königs zu 15 ergänzt wird, wobei sie jedoch das erste hingelegte Blatt nicht mitzählt, indem sie bei diesem Blatte mit der Augenzahl zu zählen anfängt. Demnach fängt die Person bei dem ersten Blatte an 4 zu zählen; das folgende ist 5, das nächstfolgende 6 u. s. w. bis 15; und es sind also in diesem Falle außer dem ersten Blatte noch 11 erforderlich, um die Augen des ersten Blattes zu 15 zu ergänzen.

Wie kann man, nachdem auf diese Weise die drei Häufchen gelegt sind, und man sich die von den 32 Blättern noch übrigen Karten geben läßt, aus diesen übrig gebliebenen Karten die Anzahl der Augen der drei untersten Karten der drei Häufchen berechnen?

142. Kartenbelustigung.

Wie kann man im Voraus diejenige Zahl bestimmen, mit welcher eine Person bei'm Abzählen der Blätter eines gewöhnlichen Spieles Karten auf eine im Sinn genommene Karte treffen wird?

143. Eine ähnliche Belustigung mit Buchstaben.

Wie wird man im Voraus die Zahl angeben können, womit eine Person auf einen, aus folgendem Buchstabenkreis in Gedanken genommenen Buchstaben treffen wird?

b a q
c p
d o
Buchstabenkreis e n
f m
g l
h i k

144. Die in beiden Händen verborgenen Rechnenpfennige.

Hat man eine Person aufgefordert, in jede Hand eine beliebige Anzahl Rechenpfennige abzuzählen, doch so, daß die Anzahl in der einen Hand gerade, die in der andern aber ungerade sei: wie kann man alsdann wissen, in welcher Hand die gerade Anzahl Rechenpfennige und in welcher die ungerade Anzahl verborgen sei?

145. Das gleichlautende Resultat.

Wenn man von einer Person sich eine Zahl hat angeben lassen und dann eine zweite Person bittet, sich eine beliebige Zahl zu denken; wie kann man nun durch eine Rechnungsart, die man mit der gedachten Zahl der zweiten Person vornehmen läßt, bewerkstelligen, daß, wenn darauf die erste Person ihre angegebene, und die zweite Person die nach der Rechnung übriggebliebene Zahl einer dritten Person insgeheim sagen und hierauf die dritte Person diese beiden Zahlen laut nennt, beide genannte Zahlen eine und dieselbe ist?

146. Die Jahreszahl.

Nach welcher Rechnungsart kann man vier Personen, die in einer Reihe neben einander Platz nehmen müssen und dann sich beliebige Zahlen denken, die Sinne so leiten, daß eine jede derselben eine Zahl von jeder zu bestimmenden Jahreszahl in Sinn bekommt, welche, wenn sie alle vier neben einander geschrieben werden, die bestimmte Jahreszahl sein muß?

147. Ostern.

Wie kann man leicht berechnen, auf welchen Tag Ostern in jedem Jahre fällt?

148. Der richtige Divisor.

Wie wird man im Voraus bestimmen können, daß sich eine, von einer andern Person beliebig hingeschriebene mehrzifferige Zahl durch eine andere Zahl, die man selbst angiebt, ohne Rest werde theilen lassen?

149. Den richtigen Divisor im Voraus zu bestimmen.

Wie wird man im Voraus den Divisor anzugeben im Stande sein, womit das durch Multipliciren einer mehrzifferigen Zahl mit einer andern, von einer Person angegebenen Zahl herausgebrachte Product ohne Rest getheilt werden kann?

150. Vortheilhafte Einrichtung der Gewichte.

Wie schwer muß jedes von sieben Gewichten sein, deren Gesamtgewicht 127 Pfund ist, um mit denselben 1, 2, 3, 4, 5, 6, 7 etc. Pfund bis 127 Pfund abwägen zu können?

151. Leinweberrechnung.

Auf welche Weise ist man im Stande, zu berechnen, wieviel Garn ein Leinweber zu einem Stück Leinen braucht, um von demselben nicht hintergangen zu werden?

152. Mahltabelle.

Durch Anwendung der Rechenkunst lassen sich vielfältige Nachtheile, die man im gewerblichen Verkehr haben kann, abwenden. So kann man sich durch Benutzung einer Zahlentabelle gegen Betrug, den man zuweilen von Müllern zu befürchten hat, sichern. Wie muß eine solche Tabelle eingerichtet sein?

153. Worträthsel.

Wenn man vier gewisse Zahlen mit Buchstaben schreibt, und von der ersten den zweiten, von der zweiten und dritten den ersten und von der letzten Zahl den dritten Buchstaben nimmt und daraus ein Wort bildet, so giebt das Wort, in Beziehung zu diesem Schriftchen und besonders zu dieser Aufgabe, eine recht treffende Benennung. Die vier Zahlen sind folgendermaßen zu finden: Subtrahirt man die erste Zahl von der Summe der zweiten, dritten und vierten, so bleibt 79, die zweite Zahl von der Summe der ersten, dritten und vierten, so bleibt 61, die dritte Zahl von der Summe der ersten, zweiten und vierten, so bleibt 39, die vierte Zahl von der Summe der ersten, zweiten und dritten, so bleibt 19. Welches sind die Zahlen und wie heißt das Wort?

B.

Erforderliche Resultate und Auflösungen der Rechnenwunder.

1. Antwort: 153 Aufgaben.

2. Antwort: 13,212;
dieß ist nicht mehr und nicht weniger.

3. Antwort: $99\frac{4}{4}$ ist Hundert.

4. Antwort: $99\frac{99}{99}$ ist auch Hundert.

5. Antwort: $99\frac{9}{9}$ ist Hundert.

6. Antwort: M; das lateinische M ist bekanntlich Tausend.
Auch ist $999\frac{4}{4}$ Tausend.

7. Antwort: Million.

8. Antwort: 51.

9. Antwort: 255.

Bemerkung: Bilden die Zahlen, die zusammenaddirt werden sollen, von 1 an, eine geometrische Progression, wie bei dieser Aufgabe, so erhält man die Summen sämmtlicher Zahlen sehr schnell, wenn man die größte Zahl, hier 128, doppelt nimmt und 1 davon abzieht, als 128 und

128	ist
256	
1	abgezogen
255	Summe;

denn jede Zahl in einer solchen Progression beträgt 1 mehr, als alle vorhergehenden Zahlen zusammen betragen.

10. Antwort: Die ganze Gesellschaft bestand überhaupt aus 7 Personen. Es war nämlich ein alter Mann mit seiner Frau, dessen Sohn mit seiner Frau und ihren drei Kindern; von diesen Kindern waren zwei Mädchen und ein Knabe.

11. Antwort: Zieht man die Fingerhandschuhe von seinen Händen, so bleiben 10 – Finger.

12. Antwort: (Ein) Dreck. (Nämlich aus Dreieck ei weggelassen.)

13. Antwort: 2 Füße; denn die Katzen haben Pfoten.

14. Antwort: Sie füllten aus dem Achteimerfaß erst das

Dreieimerfaß voll; diese drei Eimer füllten sie wieder in das Fünfeimerfaß; hierauf füllten sie das Dreieimerfaß wieder, aus diesem wieder zu den 3 Eimern im Fünfeimerfaß, wo folglich 1 Eimer in dem Dreieimerfaß zurückblieb; die fünf Eimer aus dem Fünfeimerfaß füllten sie wieder in das Achteimerfaß, den 1 Eimer in dem Dreieimerfaß wieder in das Fünfeimerfaß, aus dem Achteimerfaß wieder das Dreieimerfaß voll, und diese 3 Eimer wieder in das Fünfeimerfaß zu dem 1 Eimer; also sind im Acht- und Fünfeimerfaß in jedem 4 Eimer, und das Dreieimerfaß bleibt leer. Auf diese Weise hatte Jeder sein richtiges Theil.

15. Antwort: Der Diener nahm den Edelstein bei **b** und den bei **d** für sich; den obersten bei **c** aber legte er unter den ersten bei **a**, und auf diese Weise bekam das Kreuz folgende Ordnung:

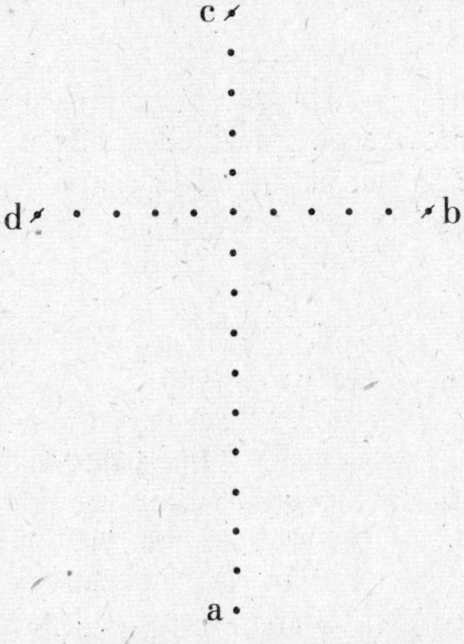

16. Antwort: Wenn man die 9 oben an die Thürbekleidung schreibt und 8 darunter an die Thür, alsdann die Thür aufmacht, dann geht 8 von 9 auf.

17. Antwort:

Eintheilung A:

4	7	4
7	1	7
4	7	4

Eintheilung B:

3	9	3
9	1	9
3	9	3

Eintheilung C:

7	1	7
1	1	1
7	1	7

18. Antwort: So:

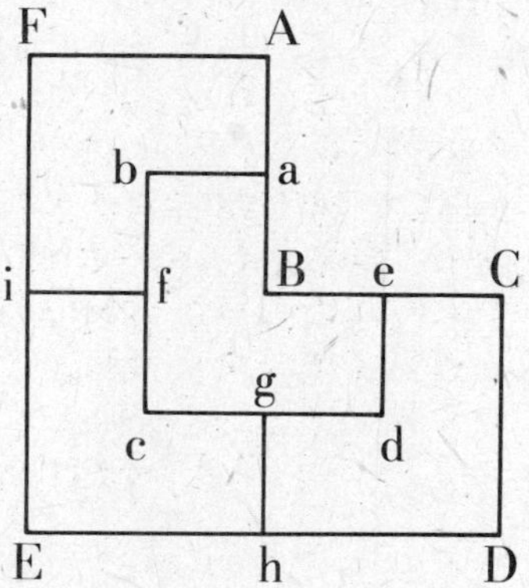

Auflösung: Man theile erst die Linie **AB** in **a** in zwei gleiche Theile, ziehe von **a** nach **EF** eine gerade Linie bis **b**; dann theile man **BE** in **c** in zwei gleiche Theile und ziehe die Linie **bc**; nun theile man auch **BC** in **e** und ziehe die Linie **de**, so kann man auch die Linie **cd** ziehen, und man hat einen Theil abgemessen. Man theile nun **bc** in **f**, **cd** in **g**, **DE** in **h**, **EF** in **i** und ziehe die Linie **gh** und **fi**, so ist die Wiese in vier gleiche Theile getheilt und sieht auch jeder Theil der Wiese der ganzen Wiese genau ähnlich.

19. Antwort: Man wische von den zwei oberen Eckfeldern die 4 äußeren Wände, und auch von dem unteren mittelsten Felde die äußere Wand weg, wodurch noch 3 gleichgroße Felder bleiben, wie folgende Figur zeigt:

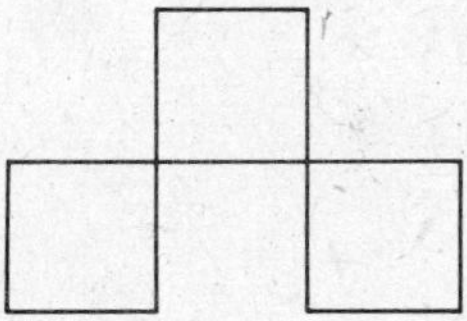

20. Antwort: Dem ersten, der fünf Brode gehabt hatte, gebühren 7 und dem zweiten, welcher 3 Brode hatte, nur 1 Ducaten.

Auflösung: Es waren drei Mann, welche 8 Brode verzehrten; folglich kommt auf den Mann $\frac{8}{3}$ des ganzen Brodes; nun hat der erste 5 Brode, das sind $\frac{15}{3}$, und der Zweite 3 Brode, das sind $\frac{9}{3}$, hergegeben. Jeder hat aber $\frac{8}{3}$ selbst gegessen; folglich hatte der Fremde vom Ersten $\frac{7}{3}$, vom Zweiten aber nur $\frac{1}{3}$ erhalten. Daher gehören dem Ersten 7 und dem Zweiten 1 Ducaten.

21. Antwort: 600 Thaler. (Die Berechnung ist leicht.)

22. Antwort: Das Vermögen war 70 400 Thlr.; Erben waren 8, jeder Erbe erhielt 8 800 Thlr.

Auflösung: Da das älteste Kind erst 1 100 Thlr. und dann $\frac{1}{9}$ des Restes erhalten soll, und so jedes folgende immer 1 100 Thlr. mehr und $\frac{1}{9}$ des Restes und nach der Theilung eins soviel, als das andere bekommen hat, so muß folglich der ganze Theil des letzten Kindes übrig bleiben, welcher ein so vielfacher Betrag von 1 100 ist, als zu dem Vermögen Erben sind. Die Anzahl der Erben aber ist bei dergleichen Aufgaben 1 weniger, als der Nenner des Bruchs beträgt, also hier 8; 8 mal 1 100 ist 8 800 Thlr., soviel trägt's dem letzten, mithin jedem Kinde, und da es 8 Erben sind, so ist das ganze Vermögen 8 mal 8 800 Thlr. = 70 400 Thlr.

23. Antwort: Das Vermögen ist 7 200 Thlr., jedes Kind bekommt 1 440 Thlr.

Auflösung: Wird das, was übrig bleibt, nachdem das erste Kind seinen Theil erhalten hat, der erste Rest genannt, das, was das zweite Kind von dem Vermögen übrig läßt, der zweite Rest, was das dritte übrig läßt, der dritte Rest und was das vierte Kind übrig läßt, der vierte Rest: so erhält nach den Bedingungen der Aufgabe das fünfte Kind die Hälfte des vierten Restes und die übrigen 720 Thlr., welche daher $\frac{1}{2}$ des vierten Restes betragen müssen. Der vierte Rest ist folglich 720 Thlr. und 720 Thlr. = 1 440 Thaler. Das vierte bekommt $\frac{1}{3}$ des dritten Restes und 480 Thlr., und es bleibt nun der vierte Rest übrig. Der dritte Rest besteht also aus $\frac{1}{3}$ desselben und 480 Thlr. und noch aus 1 440 Thlr.; folglich sind $\frac{2}{3}$ des dritten Restes 480 und 1 440 = 1 920 Thlr. und der dritte Rest ist daher 1 920 ($\frac{2}{3}$) und 960 ($\frac{1}{3}$) = 2 880 Thlr. Das dritte erhält $\frac{1}{4}$ des zweiten Restes und 360 Thlr., und es bleibt alsdann der dritte Rest, 2 880 Thlr., übrig; der zweite Rest besteht also aus $\frac{1}{4}$ dieses Restes und 360 und noch aus 2 880 Thlr.; folglich sind $\frac{3}{4}$ des zweiten Restes 360 und 2 880 = 3 240, und der zweite Rest ist daher 3 240 ($\frac{3}{4}$) und 1 080 ($\frac{1}{4}$) = 4 320 Thlr. Das zweite bekommt $\frac{1}{5}$ des ersten Restes und 288 Thlr., und es bleibt folglich der zweite Rest 4 320 Thlr. übrig; der erste Rest besteht mithin aus $\frac{1}{5}$ dieses Restes und 288 Thlr. und noch aus 4 320 Thlr., folglich sind $\frac{4}{5}$ des ersten Restes 288 und 4 320 = 4 608 Thlr. und der erste Rest ist daher 4 608 Thlr. ($\frac{4}{5}$) und 1 152 ($\frac{1}{5}$) = 5 760 Thlr. Das erste endlich erhält $\frac{1}{6}$ des ganzen Vermögens und 240 Thlr., und es bleibt alsdann der erste Rest

5 760 Thlr. übrig. Das ganze Vermögen besteht also aus $\frac{1}{6}$ des Vermögens und noch aus 240 und 5 760 = 6 000 Thlr., also sind 6 000 Thlr. $\frac{5}{6}$ des ganzen Vermögens, und das Vermögen ist folglich 6 000 ($\frac{5}{6}$) und 1 200 ($\frac{1}{6}$) = 7 200 Thlr.

Nun trägt's dem

ersten Kinde, von 7 200 Thlr. Vermögen, den ersten Rest 5 760 Thlr. abgezogen	1 440 Thlr.
zweiten Kinde, vom ersten Rest 5 760 Thlr. den zweiten 4320 Thlr. abgezogen	1 440 Thlr.
dritten Kinde, vom zweiten Reste 4 320 Thlr. den dritten 2 880 Thlr. abgezogen	1 440 Thlr.
vierten Kinde, vom dritten Reste 2 880 Thlr. den vierten 1 440 Thlr. abgezogen	1 440 Thlr.
das fünfte Kind bekommt den vierten Rest	1 440 Thlr.
Ganzes Vermögen	7 200 Thlr.

24. Antwort: Die Summe der gekauften Schafe zusammen ist 61. – Das erste Mal wurden 32, das zweite Mal 16, das dritte Mal 8, das vierte Mal 4 Stück geschlachtet.

Die Auflösung der vorigen Aufgabe ist auch bei dieser anwendbar, und wird nur noch hinzugefügt, wie das Schlachten Statt gefunden hat. Die ganze Summe der gekauften Schafe ist also 61; die Hälfte davon ist $30\frac{1}{2}$, und $1\frac{1}{2}$ dazu, sind 32; so viel schlachtet er das erste Mal, folglich blieben noch 29 übrig; die Hälfte hiervon ist $14\frac{1}{2}$, und $1\frac{1}{2}$ dazu, sind 16; soviel schlachtet er das zweite Mal, also blieben noch 13 übrig; die Hälfte davon sind $6\frac{1}{2}$ und $1\frac{1}{2}$ dazu, sind 8; soviel schlachtet er das dritte Mal, daher behielt er noch 5 Stück. Von diesen wieder die Hälfte und $1\frac{1}{2}$ dazu, sind 4; soviel schlachtet er das vierte Mal, und so wurden alle Schafe bis auf 1 geschlachtet, denn 4 von 5 bleibt 1.

25. Antwort: 31 Eier; denn die Hälfte davon ist $15\frac{1}{2}$ und noch $\frac{1}{2}$ dazu, sind 16; soviel Eier kaufte die erste Nachbarin; folglich blieben 15 als Rest; die Hälfte ist $7\frac{1}{2}$ und noch $\frac{1}{2}$ dazu, sind 8; soviel kaufte die zweite, also blieben noch 7; die Hälfte davon ist $3\frac{1}{2}$, und $\frac{1}{2}$ dazu, sind 4, so bleiben noch 3 übrig; zu der Hälfte von 3 addire nun wieder $\frac{1}{2}$, ist 2; daher bleibt 1 im Rest. – Um dergleichen Aufgaben zu lösen, wende man die Auflösung der 23. Aufgabe an.

26. Antwort: Carl hatte 180 Stück oder 3 Schock; und verkaufte in jedem Hause 60 Stück oder 1 Schock; denn $\frac{1}{4}$ und 15 = 60 – erster Verkauf – von 180, bleibt 120; hiervon $\frac{1}{3}$ und 20 = 60 – zweiter Verkauf – bleibt 60; hiermit ging er in's dritte Haus und verkaufte davon $\frac{1}{2}$ und 30, also sämmtliche Aepfel. – Die Auflösung ist die, welche die 23. Aufgabe hat.

27. Antwort: 301 Stück.

Auflösung: Man suche die kleinste Zahl, in welcher die Zahlen aufgehen, zu welchen der Schäfer die Schafe aus dem Stalle trieb und allemal eins übrig blieb; nämlich die 2, 3, 4, 5 und 6. Die 7 darf nicht in dieser Zahl aufgehen, weil sie in der gesuchten Zahl Schafe aufgehen soll. Die kleinste Zahl ist hier 60; addirte man eins dazu, so hätte man schon eine Zahl gefunden, von welcher jedes Mal eins übrig bleibt, wenn sie zu Zweien, Dreien, Vieren, Fünfen und Sechsen abgezählt wird; da aber die 7 in 61 nicht aufgeht, so ist die Anzahl der Schafe folglich größer. Um die gesuchte Zahl nun noch zu finden, multiplicire man die gefundene 60 versuchsweise mit 2 oder 3 oder 4 u.s.w., addire jedes Mal eins hinzu und dividire, bis eine dieser gefundenen Zahlen mit 7 aufgeht; dieß nun ist die Anzahl der Schafe. Diese Zahl ist aber: 5 mal 60 und 1 = 301. – Es ist deßhalb in der Aufgabe gesagt worden, daß weniger als 700 Stück gewesen sind, weil verschiedene Zahlen gefunden werden können, welche die Eigenschaften haben, daß, wenn man sie durch 2, 3, 4, 5 und 6 dividirt, allemal 1 übrig bleibt und durch 7 dividirt, aufgehen. Eine solche Zahl wird erhalten, wenn man 2, 3, 4, 5 und 6 zusammen multiplicirt und zu dem Product 1 addirt, wodurch 721 herauskömmt. Das nämliche Verhältniß findet mit den Zahlen Statt, die erhalten werden, wenn man zu 721 420 oder 840 oder 1 260, also immer 420 mehr, addirt.

28. Antwort: 211 Stück.

Anmerkung: Man findet diese 211 ebenfalls nach der zu vorigen Aufgabe beschriebenen Auflösung, wonach man die Zahlen, zu welchen der Spieler die gewonnenen Ducaten durchzählte, bis zur 7, als: 2, 3, 5 und 7, miteinander multiplicirt und zum Product eins addirt. Z. B.:

	2	
mit	3	multiplicirt
	6	
mit	5	multiplicirt
	30	
mit	7	multiplicirt
	210	
	1	dazu addirt
	211	gesuchte Zahl.

29. Antwort: 2 309 Stück.

Anmerkung: Um die Anzahl Aepfel zu finden, multiplicire man, wie bereits zu den zwei vorhergehenden Aufgaben gelehrt worden ist, 2, 3, 5, 7 und 11, wie die Aepfel bei dieser Aufgabe verkauft wurden, zusammen und ziehe von dem Producte 2 310 eins ab. – Bei dieser Aufgabe wurde 1 von dem Producte abgezogen und bei der vorigen 1 dazu addirt, um die gesuchte Zahl zu finden; denn hier blieb allemal ein Apfel weniger übrig, wie sie eben verkauft wurden, und bei der vorigen Aufgabe blieb, bei'm Durchzählen der Ducaten, zu Zweien, Dreien, Fünfen und Sieben, jedes Mal einer übrig; mithin muß bei dieser Aufgabe die gesuchte Zahl eins weniger und bei der vorigen eins mehr sein, als das durch das Multipliciren herausgebrachte Product beträgt.

30. Antwort: 58.

Auflösung: Man suche die kleinste Zahl, die durch 3, 4, 5 und 6 ohne Rest getheilt werden kann, und ziehe 2 – weil stets 2 weniger übrig bleibt, als der Knabe in jede Reihe stellte – davon ab, so bekommt man die zu suchende Zahl. – 60 ist die kleinste Zahl, die sich ohne Rest durch diese Zahlen theilen läßt, zieht man 2 davon ab, so bekömmt man 58.

31. Antwort: 180 Stück Aepfel und auch eben soviel Nüsse hatte er gekauft und hatte 11 Kinder.

Auflösung: Bei'm Ausgeben der Aepfel, wo jedes Kind 12 Stück erhielt, blieben 48 übrig und bei'm Ausgeben der Nüsse, wo jedes Kind 15 Stück bekam, blieben 15 übrig, es wurden also 33 Stück Nüsse mehr als Aepfel an dieselbe Zahl Kinder vertheilt, und da bei dem Vertheilen der Nüsse jedes Kind 3 Stück mehr bekam, als bei dem Vertheilen der Aepfel, so folgt hieraus, daß 11 Kinder gewesen sein müssen, indem die 33 Nüsse, da jedes Kind davon 3 Stück mehr als Aepfel bekam, dadurch vertheilt wurden. Nun ist 11 mal 12 und 48 = 180, und 11 mal 15 und 15 auch = 180.

32. Antwort: 7 890 Thlr.

Auflösung: Wenn Carl außer den übriggebliebenen 146 Thlrn. noch 31 hatte, so konnte er in jede Reihe des neuen Quadrats einen Thaler mehr legen, wodurch es gerade voll geworden wäre; er brauchte mithin dazu 146 und 31 = 177 Stück. Wird nun angenommen, als wenn er wirklich noch 31 Thlr. gehabt hätte, so kommen also 177 Thlr. in zwei rechtwinkelige Endreihen, horizontal und vertical, wovon in einer die Hälfte und $\frac{1}{2}$ = 89 und in die andere die Hälfte weniger $\frac{1}{2}$ = 88 zu liegen kommen. Da nun aber, um den Inhalt eines Quadrats zu berechnen, die sämmtlichen Theile einer Horizontalreihe mit den sämmtlichen Theilen einer Verticalreihe zu multipliciren sind, und die Theile (Thaler) dieses Quadrats 89 betragen, so giebt 89 mal 89 = 7 921; da aber Carl'n, um ein solches Quadrat voll zu machen, noch 31 Thlr. fehlten, so war folglich seine Erbschaft 7 921 weniger 31 = 7 890 Thaler.

33. Antwort: Der Meister bekommt . . . . . . $4\frac{3}{4}$ Thlr.
Ein Gesell bekommt 3 Thlr. – beide . . . . 6 Thlr.
Der Lehrbursche bekommt . . . . $1\frac{1}{4}$ Thlr.
Zusammen 12 Thlr.

Auflösung: Wird angenommen, daß der Lehrbursche 1 Thlr. bekommt, so muß nach den Bedingungen der Aufgabe ein Gesell $1\frac{3}{4}$ Thlr. mehr als der Lehrbursche, mithin $2\frac{3}{4}$ Thlr., der zweite Gesell dasselbe, also $2\frac{3}{4}$ Thlr. und der Meister $1\frac{3}{4}$ Thlr. mehr als ein Gesell, folglich $4\frac{1}{2}$ Thlr., bekommen. Da nun diese Theile zusammen 11 Thlr. betragen, also 1 Thlr. weniger als der Verdienst, so ist dieser Thaler unter die vier Personen gleich zu vertheilen, wovon es jeder $\frac{1}{4}$ Thlr. trägt. Nun ist 1 und $\frac{1}{4}$ Thlr. = $1\frac{1}{4}$ Thlr. für den Lehrburschen; $2\frac{3}{4}$ und $\frac{1}{4}$ Thlr. = 3 Thlr. für jeden Gesellen und $4\frac{1}{2}$ und $\frac{1}{4}$ = $4\frac{3}{4}$ Thlr. für den Meister.

34. Antwort: Der erste 1315, der zweite 2630 und der dritte 3945 Thlr.; – der Quotient ist in allen drei Fällen $438\frac{1}{3}$.

Auflösung: Wenn 3 durch 3, 6 durch 6, 9 durch 9 dividirt wird, so kommt allezeit 1 als Quotient, also ein gleich großer, und es wäre die Anzahl Thaler eines jeden Haufens schon gefunden, wenn für den ersten Haufen 3, für den zweiten 6 und für den dritten 9 Thlr. angenommen und so die Thalersumme der drei Haufen zusammen = 18 Thaler betrüge; sie beträgt aber hier 7 890 Thlr., also den $438\frac{1}{3}$fachen Betrag davon, was man findet, wenn 7 890 durch 18 dividirt wird; es müssen mithin auch die Haufen den $438\frac{1}{3}$fachen Betrag der angenommenen Zahl Thaler enthalten. Der erste Haufen enthält folglich 3 Mal $438\frac{1}{3}$ = 1 315 Thlr., der zweite 6 Mal $438\frac{1}{3}$ = 2 630 Thlr. und der dritte 9 Mal $438\frac{1}{3}$ = 3 945 Thlr.

35. Antwort: Der erste 3156, der zweite 2367, der dritte 1 578 und der vierte 789 Thlr.

Auflösung: Erst suche man vier Zahlen, wovon die erste mit 3, die zweite mit 4, die dritte mit 6 und die vierte mit 12 multiplicirt gleiche Producte geben; solche Zahlen werden gefunden, wenn man die kleinste Zahl sucht, in welcher 3, 4, 6 und 12 aufgeht, und sie durch diese Zahlen nach einander dividirt. Die durch diese Division erhaltenen Quotienten geben bekanntlich, mit dem treffenden Divisor multiplicirt, allemal ein gleiches Product, nämlich den weggenommenen Dividendus. Die kleinste Zahl, worin 3, 4, 6 und 12 aufgeht, ist 12, und die Quotienten, die durch die Division erhalten werden, 4, 3, 2 und 1, und es giebt 3 mal 4, 4 mal 3, 6 mal 2 und 12 mal 1 allemal 12. Nun addire man die gefundenen Quotienten zusammen, als 4, 3, 2 und 1 = 10; wäre die ganze Thalersumme der 4 Haufen 10, so wäre 4 der Theil des ersten Haufens, 3 der Theil des zweiten Haufens, 2 der Theil des dritten und 1 der Theil des vierten; da aber die Thalersumme 7 890, mithin 789 mal größer ist, was man findet, wenn 7 890 durch 10 dividirt wird, so müssen mithin die Thalersummen der vier Haufen auch 789 mal größer sein, als die vier gefundenen Quotienten. Demnach enthält der erste Haufen 4 mal 789 = 3 156 Thlr., der zweite 3 mal 789 = 2 367 Thlr., der dritte 2 mal 789 = 1 578 Thlr. und der vierte 1 mal 789 = 789 Thlr. – Das gleiche Product ist 9 468; denn 3 mal 3 156, 4 mal 2 367, 6 mal 1 578 und 12 mal 789 ist soviel.

36. Antwort: 73 Stück in die erste, 75 in die zweite, 77 in die dritte, 79 in die vierte, 81 in die fünfte, 83 in die sechste, 85 in die siebente, 87 in die achte, 89 in die neunte, 91 in die zehnte, 93 in die elfte und 95 in die zwölfte Horde.

Auflösung: Die 1 008 Schafe wurden so in zwölf Horden vertheilt, daß immer in die nächstfolgende 2 Stück mehr kamen, also in die erste Horde eine zu errathende Stückzahl;

in die	zweite	Horde	2	Stück	mehr,	als	in die	erste.
–	dritte	–	4	–		–	–	–
–	vierte	–	6	–		–	–	–
–	fünfte	–	8	–		–	–	–
–	sechste	–	10	–		–	–	–
–	siebente	–	12	–		–	–	–
–	achte	–	14	–		–	–	–
–	neunte	–	16	–		–	–	–
–	zehnte	–	18	–		–	–	–
–	elfte	–	20	–		–	–	–
–	zwölfte	–	22	–		–	–	–

es kämen mithin 132 Stück mehr in die 11 letzten Horden, als die 12 Horden, ohne die 132 Stück, von gleicher Anzahl enthalten. Dann werden von 1 008 Schafen 132 abgerechnet und wird der Rest 876 in 12 Theile getheilt, so kommen für jeden Theil 73 heraus; dieses muß folglich auch die Anzahl der Schafe der ersten Horde sein, wonach nun auch die Stück bestimmt werden können, welche die übrigen Horden erhalten haben müssen.

Nämlich:	die Stückzahl	der	ersten	Horde	ist	73	
	–	–	–	zweiten	–	–	75
	–	–	–	dritten	–	–	77
	–	–	–	vierten	–	–	79
	–	–	–	fünften	–	–	81
	–	–	–	sechsten	–	–	83
	–	–	–	siebenten	–	–	85
	–	–	–	achten	–	–	87
	–	–	–	neunten	–	–	89
	–	–	–	zehnten	–	–	91
	–	–	–	elften	–	–	93
	–	–	–	zwölften	–	–	95
				zusammen also wieder			1 008 Stück

37. Antwort: Im ersten 27, im zweiten 25, im dritten 18, im vierten 16 und im fünften 14 Stück.

Auflösung: Es sind, der Aufgabe nach, von den Schafen im ersten und zweiten Stalle zusammen 52 Stück, im zweiten und dritten 43, im dritten und vierten 34 und im vierten und fünften 30; es ist also, wenn Alles addirt wird, die Anzahl der Schafe im ersten, die 2fache im zweiten, die 2fache im dritten, die 2fache im vierten und die einfache im fünften Stalle . 159

Da aber sein soll die Zahl der Schafe im 1ten und 2ten und 3ten und 4ten und 5ten Stalle zusammen 100

so muß folglich sein die Zahl der Schafe im 2ten und 3ten und 4ten Stalle 59

Da nun im zweiten und dritten Stalle 43

sind, so sind mithin im vierten Stalle 16

Stück, und da im 3ten und 4ten Stalle 34 Stück sind, so folgt, daß im 3ten Stalle 34 weniger 16 = 18 Stück sein müssen. Da nun im 3ten Stalle 18 sind, so sind im 2ten 43 weniger 18 = 25, und im ersten 52 weniger 25 = 27 Stück; und weil im

4ten Stalle, wie bereits schon erwähnt, 16 Stück sind, so sind im 5ten 30 weniger 16 = 14 Stück. Es befinden sich also in den fünf Ställen:

im 1ten	27 Stück.
im 2ten	25 Stück:
im 3ten	18 Stück.
im 4ten	16 Stück.
und im 5ten	14 Stück.
zusammen also	100 Stück.

38. Antwort: 52 Ellen.

Auflösung: Um diese 52 Ellen zu finden, so mache man 2 Verhältnißrechnungen, als:

erstens 1 Nacht 8 Ellen hoch
× Ellen in 12 Nächten
96 Ellen.

96 Ellen hoch war der Wurm in 12 Nächten an der Linde gekrochen; da er aber nur 11 Tage und allemal 4 Ellen niederwärts kroch, so rechne man

zweitens 1 Tag 4 Ellen hernieder
× Ellen in 11 Tagen
44 Ellen.

Er kroch also 96 Ellen hinauf und 44 Ellen herunter; zieht man nun 44 von 96 ab, so ist der Rest die Höhe der Linde, nämlich: 52 Ellen.

39. Antwort: In $4\frac{11}{61}$ Stunden.

Auflösung: Der Rachen macht den Brunnen in 6 Stunden oder in $\frac{1}{4}$ Tage voll, daher füllt er den Brunnen in einem

Tage	4 Mal
Das rechte Auge in zwei Tagen, daher in 1 Tage	$\frac{1}{2}$ Mal
Das linke Auge in drei Tagen, folglich in 1 Tage	$\frac{1}{3}$ Mal
Und die rechte Klaue in vier Tagen, mithin in 1 Tage	$\frac{1}{4}$ Mal
Dies zusammen addirt	$5\frac{1}{12}$

Wenn also alle 4 Röhren gleichzeitig hineinfließen, so wird der Brunnen in 24 Stunden $5\frac{1}{12}$ Mal voll, und es folgt hieraus, daß, wenn 24 durch $5\frac{1}{12}$ dividirt wird, der Brunnen in $4\frac{11}{61}$ Stunden 1 Mal voll werden muß.

40. Antwort: Zwölf hatte die Glocke geschlagen.

Auflösung: Man nehme willkürlich eine Stunde, z. B. 1 an, hiervon ist $\frac{1}{2} = \frac{1}{2}$, $\frac{1}{3} = \frac{1}{3}$ u. $\frac{1}{4} = \frac{1}{4}$, zusammen $1\frac{1}{12}$, also $\frac{1}{12}$ mehr als die angenommene Stunde; nun mache man eine Verhältnißrechnung und sage: Die Stunde 1 giebt $\frac{1}{12}$ mehr, welche Stunde giebt 1 mehr, wodurch sich die Stunde 12 herausstellen wird.

41. Antwort: 36 Gänse.

Auflösung: Man suche die kleinste Zahl, die sich, wie die Aufgabe lautet, durch 2 und 4 theilen läßt, diese Zahl ist 4; nun vervielfältige und zertheile man dieselbe, wie in der Aufgabe gesagt wird, als noch einmal soviel, halb soviel, ein Viertel soviel genommen, setze die dadurch erhaltenen Zahlen unter einander, und addire solche, also

4 verdoppelt	giebt	8
die Hälfte von 4	giebt	2
ein Viertel davon	giebt	1
zusammen		11

Hierauf zieht man erst soviel von der geschätzten Anzahl Gänse ab, als noch dazuaddirt werden müssen, um die geschätzte Anzahl zu erhalten, nämlich 1 von 100 bleibt 99, und sagt nun: 11 giebt 4, wieviel giebt 99, so zeigt das Herauskommende an, wieviel Gänse es waren, als

$$\begin{array}{r} \not{1}\not{1} \text{ giebt } 4 \\ \text{wieviel giebt } \not{9}\not{9} \\ 9 \\ \hline 36 \end{array}$$

mit 11 in 99 dividirt, so bleibt in der Colonne rechts 4 und 9, zusammen multiplicirt giebt 36; aus soviel Gänsen bestand der herzugeflogene Schwarm.

42. Antwort: 16 Nonnen.

Auflösung: Bei dieser Auflösung findet dasselbe Verhältniß, wie bei der vorigen Statt. Die kleinste Zahl ist hier 16,

also	noch einmal soviel	32
	halb soviel	8
	ein Viertel soviel	4
	ein Achtel soviel	2
	ein Sechzehntel soviel	1
	zusammen	47

Zieht man nun 3 von 50 ab, so bleibt 47, und da auch der zusammenaddirte Betrag 47 ist, so zeigt dieß an, daß 16 die Anzahl Nonnen im Kloster sein müssen und keine Verhältnißrechnung nöthig ist.

43. Antwort: 20 Thaler. –

Denn das erste Mal wurden nämlich	20 Thlr. bezahlt
das zweite Mal halbsoviel	10 Thlr. bezahlt
das dritte Mal drei Viertel soviel	15 Thlr. bezahlt
das vierte Mal ein Viertel soviel	5 Thlr. bezahlt

das fünfte Mal zwei Fünftel soviel	8 Thlr. bezahlt
zuletzt zahlte er zur Erfüllung noch	2 Thlr.
zusammen	60 Thlr.

Auflösung: Auch hierbei verfahre man wie bei den zwei vorigen Auflösungen. Der Schuldner brachte $\frac{1}{2}$, dann $\frac{3}{4}$, dann $\frac{1}{4}$, endlich $\frac{2}{5}$ von der ersten bezahlten Summe; die kleinste Zahl, welche durch 2, 4 und 5 getheilt werden kann, ist 20, deßhalb nehme man diese Zahl.

Der Schuldner hätte das erste Mal	20 Thlr. bezahlt,
hernach $\frac{1}{2}$ soviel	10 Thlr.
kurz darauf $\frac{3}{4}$	15 Thlr.
dann nur $\frac{1}{4}$	5 Thlr.
endlich $\frac{2}{5}$	8 Thlr.
zusammen	58 Thlr.

Da nun, nachdem beide Freunde zusammengerechnet hatten, der Schuldner noch 2 Thaler zahlen mußte, um die Summe von 60 Thalern voll zu machen, so wird man bei dieser Rechnung gewahr, daß man die erste bezahlte Summe genau getroffen hat; dann addirt man noch 2 zu 58, so bekommt man 60, und braucht daher weiter keine Verhältnißrechnung anzustellen.

44. Antwort: Die ganze Schuld beträgt 72 Thaler, wovon nach und nach bezahlt wurden: 36, 24, 9 und 3 Thaler.

Auflösung: Da die zuletzt bezahlten 3 Thaler $\frac{1}{4}$ von dem nach der zweiten Zahlung übrig gebliebenen Reste betragen muß, weil die dritte Zahlung aus $\frac{3}{4}$ des zweiten Restes bestand, und diese 3 Thaler übrigblieben, so beträgt folglich der zweite Rest 3 mal 4 = 12 Thlr. und die dritte Zahlung ist 12 weniger 3 = 9 Thlr. Die zweite Zahlung betrug $\frac{2}{3}$ des ersten Restes, und so muß der bereits gefundene Rest von 12 Thalern übrig bleiben. Diese 12 Thaler müssen mithin $\frac{3}{4}$ des ersten Restes betragen, und es ist folglich der erste Rest 3 mal 12 = 36 Thaler;

die zweite Zahlung ist daher 36 weniger 12 = 24 Thaler. Das erstemal zahlte der Schuldner $\frac{1}{2}$ der ganzen Schuld, wo der erste, nunmehr gefundene Rest von 36 Thalern blieb; mithin muß die ganze Schuld 2 mal 36 = 72 Thaler betragen und die erste Zahlung 72 weniger 36 = 36 Thlr. sein.

45. Antwort: Der Mitglieder im dritten Locale sind 30. Die Gesellschaft im ersten besteht, nach Bildung der neuen Gesellschaft, aus 13, im zweiten aus 17 und im vierten aus 38 Mitgliedern.

Auflösung: Die erste und zweite Gesellschaft zusammen ist 33 und 35 = 68 Mitglieder stark, und es gehen aus der einen Gesellschaft $\frac{2}{3}$ der unbekannten Anzahl Mitglieder im dritten Locale und aus der anderen $\frac{3}{5}$ derselben, also $\frac{2}{3}$ und $\frac{3}{5}$ zusammen = $\frac{19}{15}$ oder $1\frac{4}{15}$, worauf gerade diese beiden Gesellschaften zusammen noch soviel Mitglieder haben, als die im dritten Locale stark ist. Es bestehen daher die in den beiden ersten Localen zusammen enthaltenen 68 Mitglieder aus $1\frac{4}{15}$ der Mitglieder des dritten Locals und noch aus der einfachen Mitgliederzahl des dritten Locals; die 68 Mitglieder sind also der $2\frac{4}{15}$ fachen Mitgliederzahl des dritten Locals gleich. Hieraus bekömmt man folgende Regel, um bei dergleichen Aufgaben die unbekannte Zahl zu finden: als: man dividire die Summe der beiden gegebenen Zahlen, hier 33 und 35 = 68, mit der um 1 vergrößerten Summe der gegebenen Factoren, hier $\frac{2}{3}$ und $\frac{3}{5}$ = $\frac{19}{15}$. Z. B. $\frac{2}{3}$ und $\frac{3}{5}$ = $\frac{19}{15}$ und ein Ganzes dazu sind $\frac{34}{15}$; hiermit in 33 und 35 = 68 dividirt, so ergeben sich 30 Mitglieder zum Facit. Um nun noch zu finden, wieviel jede der drei übrigen Gesellschaften Mitglieder hat, ziehe man $\frac{2}{3}$ von 30 – also 20 – von 33 ab (weil $\frac{2}{3}$ der unbekannten, nun aber bewußten 30 Mitglieder der Gesellschaft im dritten Locale von den 33 im ersten Locale abgingen) und findet so, daß die Gesellschaft im ersten Locale 13 Mitglieder stark blieb. Dann ziehe man von 35 auch $\frac{3}{5}$ von der gefundenen 30 – also 18 – ab (weil $\frac{3}{5}$ derselben von 35 Mitgliedern des zweiten Locals abgingen), wodurch man findet, daß die Gesellschaft im zweiten Locale 17 Mitglieder stark geblieben ist, und geht auch hieraus hervor, daß die neu gebildete Gesellschaft aus 20 und 18 = 38 Mitgliedern besteht.

46. Antwort: In diesem Jahre, wo sich die Anzahl Knaben zu der der Mädchen wie 2 zu 3 verhält, hatte der Schullehrer 16 Knaben und 24 Mädchen; denn 16 mal 15 Ngr. betragen 8 Thaler und 24 mal 10 Ngr. auch 8 Thaler und beides zusammen 16 Thlr. Im vorigen Jahr aber, wo das umgekehrte Verhältniß Statt fand, waren 24 Knaben und 16 Mädchen; denn 24 mal 15 Ngr. = 12 Thlr., und 16 mal 10 Ngr. = 5 Thlr. 10 Ngr.; beides zusammen beträgt 17 Thlr. 10 Ngr. oder 1 Thlr. 10 Ngr. mehr, als in diesem Jahre.

Auflösung: Der Schullehrer bekommt von jedem Knaben 15 Ngr. und von jedem Mädchen 10 Ngr., und hätte so in dem Jahre, wo sich die Knaben zu den Mädchen wie 2 zu 3 verhielten, von 2 Knaben 2 mal 15 Ngr. = 1 Thlr. und von 3 Mädchen 3 mal 10 Ngr. = 1 Thlr., beides 2 Thlr. bekommen; da er aber 16 Thlr. in dem Falle eingenommen hat, also den 8fachen Betrag, so geht hieraus hervor, daß auch 8 mal soviel Kinder von jedem Geschlechte, folglich 16 Knaben und 24 Mädchen, gewesen sein müssen. In dem Jahre, wo sich die Knaben zu den Mädchen wie 3 zu 2 verhielten, bekam der Lehrer von 3 Knaben 3 mal 15 Ngr. = 1 Thlr. 15 Ngr., und von 2 Mädchen 2 mal 10 Ngr. = 20 Ngr., beides 2 Thlr. 5 Ngr.; da er aber den 8fachen Betrag hiervon, nämlich 17 Thlr. 10 Ngr. erhalten hat, so müssen auch 8 mal soviel Knaben und Mädchen, folglich 24 Knaben und 16 Mädchen, gewesen sein.

47. Antwort: Der gefragte Schullehrer hatte 66, der andere 70 Kinder.

Auflösung: $\frac{1}{6}$ der Kinder liegen krank, daher müssen die 11, 7,

20, 17 = 55 die übrigen $\frac{5}{6}$ ausmachen; da nun $\frac{5}{6}$ = 55 ist, so ist folglich $\frac{1}{6}$ = 11; diese 11 zu 55 addirt, erhält man die Anzahl der Kinder des gefragten Lehrers, nämlich 66; der Andere hat 4 Kinder mehr, mithin 70.

48. Antwort: 60 Jahre.

Auflösung: Dasselbe Verfahren, wie bei Nr. 47.

49. Antwort: Die Anzahl der Knaben war 43 und die der Mädchen 32.

Auflösung: Man dividire sowohl die Zahl der Kinder, als die der Differenz mit 2 und addire die dadurch erhaltenen beiden Quotienten, so giebt die Summe die größere Anzahl der Kinder, also die der Knaben; zieht man von dieser Summe 11 ab, oder den Differenz-Quotienten $5\frac{1}{2}$ von dem Quotienten der mit 2 dividirten Summe 75 (Zahl der Kinder), so erhält man die kleinere Anzahl der Kinder, mithin die der Mädchen.

50. Antwort: Der bejahrte Mann war 69, der Sohn 40 und der Enkel 16 Jahre.

Auflösung: Da der bejahrte Mann und sein Sohn zusammen 109 Jahre, derselbe und sein Enkel zusammen 85 Jahre ist, so folgt, wenn man 85 von 109 abzieht, daß der Sohn 24 Jahre älter sein muß, als der Enkel. Da nun auch der Sohn und Enkel zusammen 56 Jahre, der bejahrte Mann und sein Enkel 85 Jahre ist und man 56 von 85 abzieht, so muß folglich der bejahrte Mann 29 Jahre älter sein, als der Sohn. Nimmt man nun an, daß der Enkel 1, der Sohn 24 Jahre älter, also 25 und der bejahrte Mann 29 Jahre älter als der Sohn, mithin 54 Jahre sei, so erhält man, wenn man die Jahre des Sohnes und des bejahrten Mannes – 25 und 54 – zusammenaddirt, 79; da aber 109 herauskommen soll, so fehlen noch 30, mithin jedem noch 15 Jahre; folglich ist der bejahrte Mann 54 und 15 = 69 Jahre, der Sohn 25 und 15 = 40 und der Enkel 40 weniger 24 = 16.

51. Antwort: Der Gefragte ist 24 und sein Bruder 15 Jahre alt.

Auflösung: Da $\frac{5}{12}$ von dem Alter des Gefragten soviel als $\frac{2}{3}$ von dem Alter des Bruders beträgt, so verhält sich, der Größe nach, das Alter des Bruders zu dem Alter des Gefragten, wie $\frac{5}{12}$ zu $\frac{2}{3}$ oder $\frac{5}{12}$ zu $\frac{8}{12}$ oder auch wie 5 zu 8. Die 8 ist um 3 größer, als die 5, und da der Gefragte 9 Jahre älter ist, als der Bruder, so muß das Alter des Bruders aus eben soviel mal 5 Jahren bestehen, soviel mal 3 in 9 Jahren enthalten ist, und da 9 durch 3 dividirt 3 giebt, so folgt, daß das Alter des Bruders 3 mal 5 = 15 Jahre betragen muß, und da der Gefragte 9 Jahre älter ist, so ist er also 15 und 9 = 24 Jahre alt.

52. Antwort: Der Aelteste ist 18 und der Jüngste 6 Jahre.

Auflösung: Um diese Art Aufgaben zu lösen, nehme man an, der jüngste Sohn sei 1 Jahr alt gewesen, und da der älteste noch zweimal so alt als jener gewesen ist, so ist er 3 Jahre alt; quadrirt man diese angenommenen Zahlen des Alters und addirt beide Quadrate, so bekömmt man 10; – denn 1 mal 1 ist 1 und 3 mal 3 ist 9, und 9 und 1 dazu ist 10; – mit dieser 10 dividire man die angegebene Summe 360 und ziehe aus dem Quotienten 36 die Quadratwurzel; die Wurzel ist 6 und giebt das Alter des jüngsten Sohnes an. Um nun auch das Alter des ältesten Sohnes zu finden, addire man zu dem Alter des jüngsten noch zweimal soviel, also 12; mithin findet sich, daß der älteste Sohn 18 und der jüngste 6 Jahre alt ist.

53. Antwort: Es werden 12 Jahre verfließen müssen, wo der Sohn $19\frac{3}{4}$ und 12 = $31\frac{3}{4}$ und der Vater $51\frac{1}{2}$ und 12 = $63\frac{1}{2}$ Jahre sein wird, mithin noch einmal so alt als der Sohn.

Auflösung: Man multiplicire die Alterszahl des Sohnes mit 2; das dadurch erhaltene Product ziehe man von dem Alter des Vaters ab; der Rest giebt die Jahre an, die noch verfließen müssen.

54. Antwort: 1 Thlr. 5 Ngr. Denn als sich dieses Geld verdoppelte, besaß er 2 Thlr. 10 Ngr., davon mußte er aber zufolge seines Bündnisses 1 Thlr. 10 Ngr. in's Wasser werfen, folglich blieb ihm noch 1 Thlr.; dieses das zweite Mal verdoppelt, sind 2 Thlr. und 1 Thlr. und 10 Ngr. davon, bleiben noch 20 Ngr.; das dritte Mal verdoppelt ist 1 Thlr. 10 Ngr., und gerade soviel mußte er noch haben, um dem listigen Freunde zum letzten Male Wort zu halten.

55. Antwort: Da die Frau zehnmal 5 Aepfel verkauft hatte, so hätte sie aufhören sollen, 5 für 1 Ngr. zu geben, denn von den 10 übrigen Aepfeln kosteten nur 2 einen halben Ngr.; auf diese Weise würde sie $12\frac{1}{2}$ Ngr. herausgebracht haben, weil die 10 übrigen Aepfel der Frau gehörten, die nach Hause gegangen war.

56. Antwort: Die eine hatte 5, die andere 7 Eier. – Man kann diese Belustigung auch auf eine größere Anzahl Eier ausdehnen, wo dasselbe Verhältniß Statt findet. Es hätte z. B. die eine Person zur anderen gesagt: Gieb mir 2, 3 oder 4 von Deinen Eiern, so habe ich soviel, wie Du; die andere hätte geantwortet: Gieb mir 2, 3 oder 4 von Deinen, so habe ich noch ein Mal soviel, wie Du, so würde die eine Person, wenn sie zwei Eier abgegeben hätte, 10, die andere 14 Stück, wenn sie 3 abgegeben hätte, die eine 15, die andere 21 Stück haben etc. Bei dergleichen Verhältnissen findet man leicht die Anzahl Eier, welche eine Person hat, wenn man die Eier, welche eine Person der anderen geben soll, mit 5 multiplicirt; multiplicirt man aber dieselben mit 7, so bekommt man die Anzahl Eier, welche die andere Person hat; z. B. die Aufgabe wäre, daß die eine Person 5 Eier von der andern verlangte; um nun eben soviel, oder noch ein Mal soviel zu haben, so spricht man, 5 Mal 5 ist 25, soviel hat die eine Person Eier; und wieder 5 Mal 7 ist 35 und soviel hat die zweite Person. Denn nimmt man die 5 von 35 weg und thut sie zu 25, so bekommt jede 30; oder auch umgekehrt: nimmt man die 5 von 25 weg und thut sie zu 35, so behält die eine Person 20 und die andere bekommt 40, also noch ein Mal soviel.

57. Antwort: Georg hat 15 und Carl 17 Stück Schafe.

Auflösung: Da Georg die Schafe erhält, die Carl hergeben soll und umgekehrt, so wird dadurch die Anzahl der Schafe von Beiden nicht geändert, sondern sie werden nur anders vertheilt, und zwar hat zuerst Georg drei Mal soviel als Carl und alsdann Carl sieben Mal soviel, als Georg.

Es hat in dem ersten Falle Georg $\frac{3}{4}$ und Carl $\frac{1}{4}$ der ganzen Anzahl der Schafe, und in dem zweiten Falle hat Georg $\frac{1}{8}$ und Carl $\frac{7}{8}$ derselben. Nun nehme man an, daß die ganze Anzahl der Schafe 8 Stück betrage, so hat in dem ersten Falle Georg 6 Stück und Carl 2 Stück und im zweiten Falle Georg 1 Stück und Carl 7 Stück.

Der Unterschied der Anzahl in beiden Fällen beträgt also bei dieser Annahme 5 Stück für Jeden von Beiden; da aber, nach den Bedingungen von Georg und Carl, Georg in dem einen Falle 9 Stück erhält und in dem andern 11 Stück abgeben soll, so muß der Unterschied seiner Anzahl Schafe in beiden Fällen 9 und 11, also 20 Stück, betragen. Dieser Unterschied enthält die obigen 5 Stück 4 Mal, daher muß die Anzahl der

Schafe Beider auch 4 Mal so groß sein, als die angenommenen 8 Stück und es ist folglich die Anzahl der Schafe Beider = 4 Mal 8 = 32 Stück. Von dieser Anzahl hat Georg in dem ersten Falle $\frac{3}{4}$ und Carl $\frac{1}{4}$; mithin hat Georg 24 und Carl 8 Stück. Hierbei hat aber Georg von Carl 9 Stück erhalten, folglich hat Georg 9 Stück weniger, also 15 Stück und Carl 9 Stück mehr, mithin 17 Stück.

Anmerkung: Diese Auflösung ist bei allen dergleichen Beispielen, also auch bei der vorigen Belustigung, anwendbar.

58. Antwort: Auf dem Tische lagen 5 Thaler. Fritz hatte 10, Bast 30 und Hans 120 Thlr., folglich alle 3 zusammen 160 Thlr.

Auflösung: Man nehme an, als wenn 1 Thlr. auf dem Tische gelegen hätte, in welchem Falle

Fritz zweimal soviel, also	2 Thlr.
Bast dreimal soviel als Fritz, also	6 Thlr.
Hans viermal soviel als Bast, mithin	24 Thlr.
hat, was zusammen	32 Thlr.

beträgt; da nun aber, der Aufgabe zufolge, die Thalersumme 160 ist, also der fünffache Betrag von 32, so geht daraus hervor, daß auch 5 mal soviel Thaler auf dem Tische gelegen haben, als hier angenommen wurde, also 5 mal 1 ist 5 Thlr., Fritz zweimal soviel 10, folglich Bast dreimal soviel, also 30, und Hans viermal soviel, mithin 120 Thlr.; zusammen also 160 Thlr.

59. Antwort: Das Schlafgeld war 3 Gr. Hans gab das 3fache, also 9 Gr., und Veit das 5fache, mithin 15 Gr. Beides zusammen giebt 24 Gr.

Auflösung: Wäre das gewöhnliche Schlafgeld einer jeden Person 1 Gr. gewesen und hätte Hans das 3fache, also

3 Gr., und Veit das 5fache, also 5 Gr., gegeben, so hätte der Wirth 3 und 5 = 8 Gr. erhalten; da er aber 24 Gr. empfing, also 3 mal soviel, so folgt, daß auch das Schlafgeld dreimal soviel, als angenommen, betragen haben muß, nämlich 3 Mal 1 = 3 Gr.

60. Antwort: Die erste Familie bekommt 44 Thlr. und jede Person 4 Thlr., die zweite Familie 56 Thlr. und jede Person 8 Thlr.

Auflösung: Man nehme an, als wenn die aus 11 Personen bestehende Familie jede einen Thaler bekommen habe, so blieben 100 − 1 × 11 = 89; da aber 7 in 89 nicht aufgeht, so nehme man nun an, als wenn jede von den 11 Personen 2 Thlr. bekommen habe und sage 100 − 2 × 11 = 78; auch 78 kann durch 7 nicht ohne Rest getheilt werden, und sage nun 100 − 3 × 11 = 67, und da auch hier die 7 nicht aufgeht, so nehme man 100 − 4 × 11 = 56. 7 in 56 geht auf und zwar ist dieselbe 8 mal darinnen enthalten und giebt an, daß die siebenköpfige Familie jede Person 8 Thlr. mithin zusammen 56 Thlr. und die elfköpfige jede Person 4 Thlr., also zusammen 44 und beide Familien 56 + 44 = 100 Thlr. erhalten haben.

61. Antwort: Gerste 1 Thlr. 7 Ngr. 5 Pf.; Hafer 18 Ngr. 5 Pf.

Auflösung: Ein Viertel Gerste und 1 Viertel Hafer kosten $1\frac{13}{15}$ Thlr. oder 1 Thlr. 26 Ngr., mithin betragen 12 Viertel Gerste und 12 Viertel Hafer 12 mal 1 Thlr. 26 Ngr. = 22 Thlr. 12 Ngr. Nun ist der ganze Erlös $27\frac{1}{3}$ Thlr. oder 27 Thlr. 10 Ngr.; es müssen folglich die noch übrigen 8 Viertel Hafer zusammen soviel kosten, als an den 27 Thlr. 10 Ngr. fehlen, also 4 Thlr. 28 Ngr. und es kömmt daher jedes Viertel

Hafer 18 Ngr. 5 Pfg., und da ein Viertel Gerste und 1 Viertel Hafer zusammen 1 Thlr. 26 Ngr. kosten, so kömmt jedes Viertel Gerste 1 Thlr. 26 Ngr. weniger 18 Ngr. 5 Pfg. = 1 Thlr. 7 Ngr. 5 Pfg.

62. Antwort: Korn 2 Thaler 5 Ngr., Hafer 1 Thlr. 1 Ngr.

Auflösung: Heu verkaufte 18 Viertel Korn und 32 Viertel Hafer für 72 Thaler und 2 Ngr., und Saat 21 Viertel Korn und 23 Viertel Hafer für 69 Thlr. 8 Ngr. und zwar zu einerlei Preisen; werden die 21 Viertel Korn, 23 Viertel Hafer und 69 Thlr. 8 Ngr. des Saat mit 18 (die Korn-Viertel-Zahl des Heu) multiplicirt und dann auch die 18 Viertel Korn, 32 Viertel Hafer und 72 Thlr. 2 Ngr. des Heu mit 21 (der Korn-Viertel-Zahl des Saat) und die Producte untereinandergesetzt und das kleinere von dem größeren abgezogen, wie folgt:

378 Korn,	672 Hafer kosteten	1513 Thlr. 12 Ngr.
378 Korn,	414 Hafer kosteten	1246 Thlr. 24 Ngr.
— Korn,	258 Hafer kosteten	266 Thlr. 18 Ngr.

so kommen dadurch in beiden Fällen gleichviel Korn vor und es entsteht der Unterschied des Preises, welcher einmal 1513 Thlr. 12 Ngr. und einmal 1246 Thlr. 24 Ngr. beträgt, durch den Unterschied in der Menge des Hafers; diese Unterschiede betragen 672 weniger 414 = 258 Viertel Hafer; dieser kostet also 1513 Thlr. 12 Ngr. weniger 1246 Thlr. 24 Ngr. = 266 Thlr. 18 Ngr. 258 Viertel Hafer kosten also 266 Thlr. 18 Ngr., kostet daher 1 Viertel Hafer 1 Thlr. 1 Ngr. Um nun auch den Preis des Korns zu bekommen, so berechne man, wie viel die Viertelzahl des Hafers zu 1 Thlr. 1 Ngr. beträgt, ziehe den gefundenen Betrag von dem dabei stehenden Geldbetrag ab und berechne den so bleibenden Rest auf die Viertelzahl des Korns.

Der Preis eines Viertels wird 2 Thlr. 5 Ngr. sein.

63. Antwort: 8 Stück.

Auflösung: Nach den Bedingungen der Aufgabe ist der 8fache Rest so groß, als der einfache Rest und 7; wird von den beiden Theilen einmal der einfache Rest hinweggenommen, so ergiebt sich, daß der 7fache Rest soviel als 7 beträgt. Stellt man sich nun die Aufgabe und sagt: der 7fache Rest beträgt 7, wie viel beträgt der einfache Rest, so ergiebt sich 1 zum Facit. Es wurde nun erst die Hälfte und 3 vom Heerdchen hinweggenommen, worauf die gefundene 1 als Rest bleibt, und so folgt, daß die Zahl sämmtlicher Schafe 1 und 3 = 4 und diese 4 doppelt genommen, solche 8 sein muß.

64. Antwort: 2629 Klaftern.

Auflösung: $\frac{6}{11}$ des Mondberges soll um 211 Klaftern höher sein, als der Montblanc, der 1223 Klaftern Höhe hat; es beträgt mithin $\frac{6}{11}$ des Mondberges 211 Klaftern und 1223 Klaftern = 1434 Klaftern und daher $\frac{11}{11}$ oder die ganze Höhe 2629 Klaftern.

65. Antwort: 300 Meilen lang.

Auflösung: $\frac{1}{15}$ und $\frac{1}{75}$ der chinesischen Mauer soll die Stadt Peking umgeben, deren Umfang 24 Meilen betragen soll; es sind daher $\frac{1}{15}$ und $\frac{1}{75} = \frac{6}{75}$ der Mauer 24 Meilen. Da nun $\frac{6}{75}$ davon 24 Meilen sind, so müssen die übrigen $\frac{69}{75}$ derselben 276 Meilen betragen, mithin die ganze Mauer 24 und 276 = 300 Meilen lang sein.

66. Antwort: Franz 81, Fritz 41, Carl 21, Georg 11 und Ernst 6 Stück.

Regel: Bei solchen Aufgaben ist der Antheil desjenigen, der die wenigsten bekommen hat, um 1 größer, als es Theile sind; hier sind 5 Theile angegeben, mithin ist der kleinste Antheil 5 und 1 = 6. Zwischen diesem Antheil und dem nächstgrößern beträgt die Differenz soviel, als Theile sind, also 5, folglich ist der nächstgrößere Antheil 6 und 5 = 11. Die Differenzen zwischen den folgenden Antheilen betragen immer noch einmal soviel, als die nächstvorhergehenden und zwar so, daß die auf einander folgenden Antheile eine geometrische Progression bilden.

Bemerkung: Nach der ersten Vertheilung hatte:

	Franz 2	Fritz 82	Carl 42	Georg 22	und Ernst 12
n. d. 2.	Franz 4	Fritz 4	Carl 84	Georg 44	und Ernst 24
n. d. 3.	Franz 8	Fritz 8	Carl 8	Georg 88	und Ernst 48
n. d. 4.	Franz 16	Fritz 16	Carl 16	Georg 16	und Ernst 96
n. d. 5.	Franz 32	Fritz 32	Carl 32	Georg 32	und Ernst 32

67. Antwort:

1 Gänseei	à 3 Pfge.	=	3 Pfge.
5 Hühnereier	à $1\frac{1}{2}$ Pfge.	=	$7\frac{1}{2}$ Pfge.
9 Enteneier	à $\frac{1}{2}$ Pfg.	=	$4\frac{1}{2}$ Pfge.
also 15 Eier zusammen für			15 Pfge.

Auflösung: Man nehme erst an, als wenn die Eier nur aus zweierlei Sorten bestanden hätten, nämlich aus der theuersten und aus der wohlfeilsten Sorte, und es seien nicht mehr als 1 Gänseei zu 3 Pfennigen und die übrigen 14 Stück à $\frac{1}{2}$ Pfennig verkauft worden, was zusammen 10 Pfennige beträgt, also 5 Pfennige weniger, als wirklich gelöst worden waren. Daher müssen wenigstens soviel Hühnereier à $1\frac{1}{2}$ Pfennig mit verkauft worden sein, daß diese 5 Pfennige dadurch verbraucht werden. So oft aber ein Ei für $1\frac{1}{2}$ Pfennig statt eins à $\frac{1}{2}$ Pfennig verkauft wird, kosten die Eier 1 Pfennig mehr, und da 1 in 5 5mal enthalten ist, so folgt, daß unter den verkauften Eiern wenigstens 5 Stück à $1\frac{1}{2}$ Pfennig gewesen sein müssen; diese 5

Stück ziehe man von 14 ab, und es bleiben daher noch 9 Eier à $\frac{1}{2}$ Pfennig. Hieraus ist nun eine Auflösung der Aufgabe gefunden, wie obenstehende Antwort nachweis't.

68. Antwort:

	2 Kühe	à 15 Thlr.	=	30 Thlr.
	1 Schaf	à $1\frac{1}{2}$ Thlr.	=	$1\frac{1}{2}$ Thlr.
	57 Schweine	à $\frac{1}{2}$ Thlr.	=	$28\frac{1}{2}$ Thlr.
Also	60 Stück		für	60 Thlr.

Bemerkung: Sowohl diese Aufgabe, als auch die zwei darauf folgenden können nach der in voriger Aufgabe beschriebenen Regel gelös't werden. Da aber zu den Zahlen der Stücke zuweilen ein Bruch kommen würde, was doch bei Aufgaben, wo Vieh angegeben ist, nicht stattfinden darf, wenn man nur 1 Stück, was am theuersten ist, und dann das noch Fehlende von der geringeren Sorte annehmen wollte, so muß man bei dergleichen Aufgaben versuchen, ob bei einer solchen Annahme ganze Zahlen herauskommen. Sind z. B. 40 Stück angegeben, so nimmt man erst 1 Stück von denen, welche den höchsten Preis und 39 Stück von denen, welche den billigsten Preis haben; kommen bei Berechnung dieser Annahme Brüche heraus, so versucht man es mit 2 und 38 Stück u. s. w. Sind aber in den Aufgaben dieser Art Früchte oder dergleichen, was theilbar ist, statt Vieh angegeben, so lassen sie sich auf die beschriebene Weise beliebig lösen; z. B. die Aufgabe lautet:

Es kauft Jemand 40 Viertel Frucht für 40 Thaler. Diese Frucht besteht aus Weizen, Korn und Hafer und es kostet das Viertel Weizen 3 Thlr., Korn $1\frac{1}{2}$ Thlr. und Hafer $\frac{1}{2}$ Thlr. Aus wieviel Vierteln einer jeden Getreideart besteht diese Frucht?

So beträgt	1 Viertel Weizen	à 3 Thlr.	=	3 Thlr.
	39 Viertel Hafer	à $\frac{1}{2}$ Thlr.	=	$19\frac{1}{2}$ Thlr.
	dieses addirt giebt			$22\frac{1}{2}$ Thlr.,

von 40 abgezogen, so fehlten noch $17\frac{1}{2}$ Thlr. an 40 Thlrn.

Diese $17\frac{1}{2}$ dividirt mit dem Mehrbetrage des Korns gegen den Hafer, also mit 1, so bekömmt man zum Quotienten wieder $17\frac{1}{2}$, soviel sind daher Viertel Korn verkauft worden; diese $17\frac{1}{2}$ von 39 abgezogen, so findet sich, daß 1 Viertel Weizen, $17\frac{1}{2}$ Viertel Korn und $21\frac{1}{2}$ Viertel Hafer gekauft worden sind. Es sind jedoch überhaupt folgende verschiedene Auflösungen möglich:

1) 1 Vrtl. à 3 Thlr., $17\frac{1}{2}$ Vrtl. à $1\frac{1}{2}$ Thlr., $21\frac{1}{2}$ Vrtl. à $\frac{1}{2}$ Thlr.
2) 2 Vrtl. à 3 Thlr., 15 Vrtl. à $1\frac{1}{2}$ Thlr., 23 Vrtl. à $\frac{1}{2}$ Thlr.
3) 3 Vrtl. à 3 Thlr., $12\frac{1}{2}$ Vrtl. à $1\frac{1}{2}$ Thlr., $24\frac{1}{2}$ Vrtl. à $\frac{1}{2}$ Thlr.
4) 4 Vrtl. à 3 Thlr., 10 Vrtl. à $1\frac{1}{2}$ Thlr., 26 Vrtl. à $\frac{1}{2}$ Thlr.
5) 5 Vrtl. à 3 Thlr., $7\frac{1}{2}$ Vrtl. à $1\frac{1}{2}$ Thlr., $27\frac{1}{2}$ Vrtl. à $\frac{1}{2}$ Thlr.
6) 6 Vrtl. à 3 Thlr., 5 Vrtl. à $1\frac{1}{2}$ Thlr., 29 Vrtl. à $\frac{1}{2}$ Thlr.
7) 7 Vrtl. à 3 Thlr., $2\frac{1}{2}$ Vrtl. à $1\frac{1}{2}$ Thlr., $30\frac{1}{2}$ Vrtl. à $\frac{1}{2}$ Thlr.

69. Antwort:

2 Kühe	à 15 Thlr. =	30 Thlr.
7 Schafe	à $3\frac{1}{2}$ Thlr. =	$24\frac{1}{2}$ Thlr.
91 Schweine	à $\frac{1}{2}$ Thlr. =	$45\frac{1}{2}$ Thlr.
100 Stück	=	100 Thlr.

70. Antwort:

1 Mann	à 2 Thlr. =	2 Thlr.
17 Frauen	à 1 Thlr. =	17 Thlr.
2 Jungfern	à $\frac{1}{2}$ Thlr. =	1 Thlr.
20 Personen	und	20 Thlr.

Bemerkung: Es könnten aber auch sein:

2 Männer	14 Frauen und	4 Jungfrauen
oder 3 Männer	11 Frauen und	6 Jungfrauen
oder 4 Männer	8 Frauen und	8 Jungfrauen
oder 5 Männer	5 Frauen und	10 Jungfrauen
oder 6 Männer	2 Frauen und	12 Jungfrauen

71. Antwort:

1 Reh	à 5 Thlr.	=	5 Thlr.
2 Frischlinge	à 2 Thlr.	=	4 Thlr.
185 Hasen	à 1 Thlr.	=	185 Thlr.
12 Rebhühner	à $\frac{1}{2}$ Thlr.	=	6 Thlr.
200 Stück			200 Thlr.

Auflösung: Auch bei dieser Aufgabe, wo viererlei Stücke bestimmt sind, kann obige, bei dieser Art Aufgaben angegebene Regel angewendet werden: man muß aber statt zweierlei Sorten oder Stücke hier dreierlei annehmen, um die vierte Anzahl Stücke zu finden. Hier ist ein Reh, 187 Hasen und 12 Rebhühner = 200 Stück angenommen; da aber der Betrag dieser Stücke 198 Thlr. ist, also 2 Thlr. zu wenig, so müssen soviel Frischlinge verkauft worden sein, daß diese zwei Thlr. dadurch verbraucht werden. Da nun 1 Frischling 1 Thlr. mehr als ein Hase kostet, so müssen nach dieser Auflösung 2 Frischlinge und nur 185 Hasen mit verkauft worden sein. – Diese Aufgabe hat übrigens auch noch mehrere Auflösungen.

72. Antwort: 3 gute und 15 schlechte; denn

3 gute	Häringe à 5 Gr. machen	15 Groschen.
15 schlechte	Häringe à $\frac{1}{5}$ Gr. machen	3 Groschen.
18 Stück		18 Groschen.

Auflösung: Nimmt man nach den vorigen Auflösungen dieser Art Aufgaben an:

1 Häring	à 5 Gr.	=	5 Gr.
17 Häringe	à $\frac{1}{5}$ Gr.	=	$3\frac{2}{5}$ Gr.
so betragen 18 Häringe			$8\frac{2}{5}$ Groschen,

da aber 18 Groschen herauskommen sollen, also $9\frac{3}{5}$ Groschen mehr, so müssen soviel Häringe à 5 Groschen mehr verkauft worden sein, daß die $9\frac{3}{5}$ Groschen dadurch verbraucht werden. Ein

Häring der guten Sorte kostet nur $4\frac{1}{5}$ Groschen mehr, als einer der geringen Sorte, und es geht hieraus hervor, daß, wenn man $9\frac{3}{5}$ durch $4\frac{1}{5}$ dividirt, 2 gute Häringe mehr und 2 schlechte weniger, als angenommen, verkauft worden sind.

73. Antwort: Er hat an seinen Nachbar rechts 19 Thaler 22 Ngr. zu fordern, und seinem Nachbar links ist er 3 Thaler 8 Ngr. schuldig.

Auflösung: Die zwei genannten Zahlen ziehe man voneinander ab; den Rest theile man in zwei gleiche Theile; den einen Theil addire man zu der Forderung an beide Nachbaren zusammen, so bekömmt man die Forderung an den Nachbar rechts und der andere Theil beträgt gerade soviel, als die Schuld an den Nachbar links. Z. B.

23 Thlr. – Gr. 16 Thlr. 14 Gr.	genannte Zahlen voneinander abgezogen.
6 Thlr. 16 Gr.	mit 2 dividirt
3 Thlr. 8 Gr.	die Schulden dem Nachbar links.
16 Thlr. 14 Gr.	Forderung an beide Nachbarn dazu addirt.
19 Thlr. 22 Ngr.	wirkliche Forderung an den Nachbar rechts.

74. Antwort: Es waren die 2 Väter und 2 Söhne nur drei Personen, nämlich ein Enkel mit seinem Vater und seinem Großvater; der Vater von diesen dreien ist Sohn und Vater zugleich.

75. Antwort: Der zweite Bruder, also der andere, bekam zwei Häringe und der erste und der dritte jeder 1, mithin bekam keiner mehr als der andere.

76. Antwort: Der Wirth gab an: Wenn er den ersten Gast in das erste seiner Betten brächte, die in einem Zimmer nach der Reihe ständen, so müßte sich erst noch einer zu demselben legen, wobei er zu jenem sagte, wenn er den zehnten untergebracht hätte, so solle er auch allein schlafen. Alsdann brächte er den dritten in's zweite, den vierten in's dritte Bette u. s. f.; in das neunte brächte er daher den zehnten Gast; nun gehe er an das erste, hole den elften und lege ihn in das zehnte Bett. Um es begreiflich zu machen, zeichne man mit Kreide zehn Nullen, welche die zehn Betten bedeuten sollen, auf den Tisch und schreibe zwei Einsen unter die ersten Nullen und sage, daß die zwei Einsen zwei in das erste Bett gelegte Gäste vorstellen sollten; worauf man zählt: 1, 2; unter die zweite Null schreibt man wieder eine 1 und zählt 3; unter die dritte schreibt man wieder eine 1 und spricht 4. Wenn man nun so fortfährt zu schreiben und zu zählen, so wird man bei der neunten Null zehn 1 geschrieben, mithin auch 10 gezählt haben. Alsdann durchstreicht man eine von den zwei Einsen unter der ersten Null und spricht: nun ging der Wirth an das erste Bett, holte den elften und legte ihn in das zehnte. Z. B. 0 0 0 0 0 0 0 0 0 0

~~1~~1 1 1 1 1 1 1 1 1 1

Scheint richtig zu sein.

77. Auflösung:

In der einen Kreuzlinie liegen 6, in den übrigen bloß 4 Stück.

78. Antwort: Der Gensdarm fuhr erst mit B über den Fluß und ließ A und C zurück; dann fuhr er allein wieder retour und führte A mit sich hinüber. Hierauf nahm er B wieder mit zurück, ließ denselben nach der Ueberfahrt aussteigen und nahm C hinein und mit über den Fluß. Endlich fuhr er noch einmal allein zurück und holte B.

79. Antwort: Erst müssen zwei Flüchtlinge über den Fluß fahren (versteht sich, gut gefesselt); dann fährt einer wieder zurück und holt den dritten; nun fährt wieder einer zurück, dieser muß aussteigen und es fahren 2 Polizeipersonen hinüber. Hierauf fährt 1 Mann von der Polizei und ein Flüchtling zurück, und es fahren hierauf die 2 Polizeipersonen hinüber. Jetzt haben die 3 Mann Polizei und ein Mann von den Flüchtlingen den Fluß hinter sich; der letztere von diesen muß nun noch zwei Mal mit dem Kahne über den Fluß hin und herfahren, um die 2 Flüchtlinge, die sich noch jenseits des Flusses befinden, herüber zu schaffen. Auf diese Weise war die Polizei immer zu mächtig gegen die Flüchtlinge, um etwas Unangenehmes befürchten zu müssen. Nimmt man irgend 6 Gegenstände und bezeichnet 3 davon als die 3 Polizeipersonen und 3 davon als die 3 Flüchtlinge, und fährt damit auf obige Art über einen mit Kreide gemachten Strich, so kann man es recht deutlich machen.

80. Antwort: Wird die eine Bohle schräge über die Ecke D gelegt, und die zweite mit dem einen Ende auf die Mitte derselben, so reicht das andere Ende über die Ecke F hinweg, wie diese Figur zeigt:

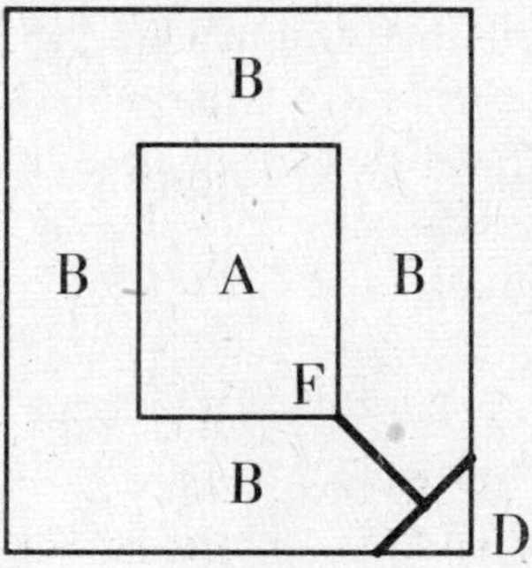

81. Antwort: Man wird leicht einsehen, da es ein Viergroschenbrod gewesen ist, daß dasselbe auch 4 Groschen gekostet hat, und es bloß eine scherzhafte Aufgabe ist.

82. Antwort: Er hatte auch nur 10 Finger und 10 Zehen, und hatte durch Weglassung der Interpunction seine Schrift räthselhaft gemacht. Folglich werden nur durch richtige Anwendung gewisser Schriftzeichen, wodurch die Verbindung und Trennung dessen geschieht, was dem Sinne nach zusammengehört oder getrennt werden muß, die geschriebenen Worte verständlich. Der Mann hätte mithin die Worte durch Zeichen, wie folgt, abtheilen müssen.

Zehn Finger hab' ich;
an jeder Hand
Fünf, und zwanzig
an Händen und Füßen.

83. Antwort: In dem einen Stalle sind 64 und in dem andern 35 Stück.

Auflösung: Man multiplicire die Stückzahl, soviel nämlich zwei Theile zusammen betragen, also 21 mit der Zahl, womit die größte Stückzahl getheilt werden soll, folglich mit 4, das Product 84 ziehe man von der ganzen Anzahl Stücke, 99, ab, den Rest 15 multiplicire man nun mit der Zahl, womit die kleinere Stückzahl getheilt werden soll, mithin mit 7; 7 mal 15 = 105. Dieses Product dividire man nun hierauf mit der Differenz der beiden Zahlen, womit die Schafe in beiden Ställen getheilt werden, also der 4 und 7, diese ist 3; so giebt der Quotient 35 die Größe der Stückzahl der wenigsten Schafe an. Zieht man nun diese 35 von der ganzen Summe 99 ab, so ist der Rest 64 die größte der Stückzahl in dem Stalle, in welchem sich die meisten befinden.

84. Antwort: 16 Reisende, folglich mußte auch ein jeder 16 Groschen bezahlen, denn 16 Mal 16 = 256 Groschen oder 8 Thaler 16 Groschen.

Auflösung: Man mache die 8 Thlr. 16 Gr. zu Groschen und ziehe aus der Groschensumme die Quadratwurzel so erhält man die Zahl 16. Z. B. 8 Thlr. 16 Gr. = 256 Ngr.; hieraus die Quadratwurzel gezogen:

```
 2|56|16
 1 ..
--------
2|156
  156
--------
```

85. Antwort: 930 waren verkauft und 31 übrig.

Auflösung: Die 16 Schock und 1 Apfel sind 961 Stück; wenn man aus dieser Zahl die Quadratwurzel 31 zieht, so zeigt diese Zahl die Zahl der übrig gebliebenen Aepfel an; subtrahiert man 31 von 961, so ist der Rest 930 die Anzahl der verkauften Aepfel.

86. Antwort: 18 Tauben hatte das Mädchen zum Verkauf erhalten und hätte jede mit 4 Ngr. verkaufen müssen, um wenigstens den Betrag von 2 Thlrn. 12 Ngr. zu bekommen. Sie mußte aber, da ihr 2 Stück fortgeflogen waren, sie mithin nur 16 Stück verkaufen konnte, jedes Stück um 5 Pfennige theurer los zu werden suchen und mit $4\frac{1}{2}$ Ngr. verkaufen.

Auflösung: Man dividire mit der Anzahl Pfennige, die die Taubenverkäuferin auf jedes Stück der Tauben, die sie noch hatte, schlagen mußte, also mit 5 in den zu Pfennigen gemachten Erlös; den dadurch erhaltenen Quotienten multiplicirt man mit 2, addirt dann noch 1 hinzu und zieht aus der erhaltenen Summe die Quadratwurzel. Zieht man nun 1 von der herausgebrachten Wurzel ab, so erhält man die Zahl der Tauben, welche die Verkäuferin noch hatte, nachdem ein Paar davongeflogen war, und addirt man 1 zu der Wurzel, so findet man die Zahl der Tauben, die sie zum Verkauf erhalten hatte. Dividirt man nun mit einer dieser gefundenen Zahlen (nachdem man 1 von der Quadratwurzel abgezogen oder dazu addirt hat) in den zu Groschen gemachten Erlös, so findet man den Preis für eine Taube.

Z. B. der Erlös 2 Thlr. 12 Ngr. sind 720 Pfennige, mit 5 dividirt, so erhält man zum Quotienten 144

5 dividirt, so erhält man zum Quotienten	144
multiplicirt mit	2
	288
dazu addirt	1
	289
hieraus die Wurzel gezogen giebt	17
davon abgezogen	1
bleibt	16.

Diese 16 giebt die Zahl der Tauben an, welche noch blieben, nachdem 2 davon geflogen waren. 2 zu 16 oder 1 zu 17 addirt, giebt die Zahl der zum Verkauf erhaltenen Tauben an, nämlich 18; mit dieser 18 in den zu Neugroschen gemachten Erlös 72 dividirt, so findet man, daß sie das Stück für 4 Ngr. hätte verkaufen müssen; da aber ein Paar davonflog, mußte sie das Stück für 4 Ngr. 5 Pfge. (oder $4\frac{1}{2}$ Ngr.) oder 5 Pfennige theurer verkaufen; dies findet man, wenn mit 16 in 72 dividirt wird.

87. Antwort: Im ersten Stalle 7, im zweiten 14, im dritten 28 und im vierten 56 Stück.

Auflösung: Man nehme an, als wenn im ersten Stalle 1, im zweiten 2, im dritten 4 und im vierten 8, also in jedem folgenden Stalle immer noch einmal soviel als in dem nächstvorhergehenden wären; addire diese Zahlen der angenommenen

Stücke zusammen und vergleiche diese Summe, die 15 ist, mit der in der Aufgabe angegebenen Summe der Schafe 105. Sovielmal erstere in letzterer enthalten ist, sovielmal sind auch die angenommenen Zahlen größer; hier 7 mal, und diese Größen geben nun die Zahlen der Stücke an, wie sie sich in den vier Ställen befinden. 7 mal 1 = 7 im ersten Stall, 7 mal 2 = 14 im zweiten, 7 mal 4 = 28 im dritten und 7 mal 8 = 56 im vierten.

88. Antwort: 118;

denn zu 118
9 addirt
127
19 davon abgezogen (subtrahirt)
108
mit 9 multiplicirt
972 mit 3 dividirt
macht 324, hieraus die Quadratwurzel
18 gezogen und
17 davon abgezogen,
bleibt 1

Auflösung: Um die gesuchte Zahl bei jeder Art dieser Aufgaben zu finden, rechnet man gerade umgekehrt, fängt unten bei der Zahl, die übrig bleibt, an und addirt nun, anstatt zu subtrahiren, multiplicirt, anstatt zu dividiren, dividirt, anstatt zu multipliciren, subtrahirt, anstatt zu addiren, mit den gegebenen Zahlen z. B.

1 bleibt übrig,
17 dazu addirt,
18 mit sich selbst multiplicirt,
18
324

mit 3 multiplicirt,
972 mit 9 dividirt

macht 108
19 dazu addirt

127
9 davon abgezogen

118 die gesuchte Zahl.

89. Antwort: Die erste Zahl ist (buchstäbl.) Million.
" zweite " " " Eins.
" dritte " " " Neun.
" vierte " " " Sechs.
" fünfte " " " Acht.

Das Wort ist (von der ersten, zweiten, dritten und vierten Zahl den ersten Buchstaben und von der fünften den mittelsten genommen) Mensch.

Auflösung: Die erste Zahl wird gefunden, wenn die Cubikwurzel 123 aus 1,860,867 gezogen, zu derselben 877 addirt, und der Betrag 1000 ins Quadrat erhoben wird, welches davon 1,000,000 ist. – Wird die zweite Zahl zu $\frac{1}{7}$ addirt, so soll es eine Zahl werden, daß, wenn zu ihr 8 addirt, oder sie mit 8 multiplicirt wird, einerlei Summe herauskömmt; man sucht daher eine Zahl von solcher Eigenschaft; sie wird $1\frac{1}{7}$ sein; mithin muß die hinzuaddirte oder zweite Zahl 1 sein. – Die dritte ist 9, denn werden die Zahlen 1 bis 10 mit irgend einer andern Zahl multiplicirt und die Producte addirt, so werden dieselben verschieden sein, wie man versuchsweise leicht finden wird. – Die vierte Zahl 6 wird nach Auflösung Nr. 84 gefunden und die fünfte Zahl erhält man, wenn man zu 4,000 96 addirt und aus der Summe 4,096 die Quadratwurzel zieht und aus der gefundenen 64 nochmals die Quadratwurzel auszieht; diese ist 8 und giebt die fünfte Zahl an.

90. Antwort: $\frac{8994001}{90000}$ Thaler: das sind 99 Thlr. 28 Ngr. $\frac{1}{300}$ Pfg.

Auflösung: Man verwandele die 9 Thl. 29 Ngr. 9 Pfge. in einen Bruch vom Thaler. Dieser beträgt $\frac{2999}{300}$ Thaler; diesen Bruch multiplicirt man mit sich selbst, das Quadrat davon ist $\frac{8994001}{90000}$ Thaler, wie die Antwort lautet; macht man diesen Bruch zu Thalern, Groschen und Pfennigen, so kommen 99 Thaler 28 Ngr. $\frac{1}{300}$ Pfg. heraus.

Anmerkung: Gewöhnlich werden die 9 Thlr. 29 Ngr. 9 Pfge., ohne eine Verwandlung vorzunehmen, mit sich selbst multiplicirt, wodurch mehr als 100 Thlr. herauskommen und der Rechner überrascht wird, denn, der Aufgabe nach, muß das Quadrat weniger, als 100 Thlr. betragen und, womöglich, auf die angegebene Weise gerechnet werden.

91. Anwort: 4970 Jahre 350 Tage.

Auflösung: Wenn man nach der Menge der Gäste die Zahlen 1 2 3 4 5 6 7 8 9 10 mit einander multiplicirt, so giebt das Product 3628800 die Anzahl der Mahlzeiten an, die zu dem Wechsel der Speisenden erforderlich sind, und da täglich zweimal gegessen wurde, so kommen, wenn das Product 3628800 durch 2 dividirt wird, 1814400 Tage heraus, das sind, durch 365 dividirt, 4970 Jahre 350 Tage.

92. Antwort: 18,446,744,073,709,551,615 Stück Kaffeebohnen; – rechnet man ungefähr 2500 Bohnen auf ein Pfund, so giebt obige Summe

$$7,378,697,629,483,820\frac{323}{600}$$

Pfund und kostet das Pfund nur 5 Ngr. so kommen 1,229,782,938,247,303 Thlr. 13 Ngr. $2\frac{3}{10}$ Pfge. heraus. Man sieht hieraus, daß sich der Kaufmann täuschte, denn Niemand wird im Stande sein, ein solches Versprechen zu erfüllen.

Auflösung: Will man die Anzahl Kaffeebohnen berechnen, die der Kaufmann dem Wirthe hätte senden müssen, so verfährt man auf folgende Art:

Da die Zahlen der Kaffeebohnen, wie sie nach den Feldern des Schachbretes verlangt werden, eine geometrische Progression bilden und bei einer solchen Progression jede folgende Zahl immer eins mehr beträgt, als sämmtliche vorhergehende zusammen, und 64 Felder zu berechnen sind, so braucht man folglich nur die Summe des 65. Feldes zu wissen und zieht von dieser Summe 1 ab; die dadurch herauskommende Ziffernreihe giebt die Summe der Kaffeebohnen sämmtlicher 64 Felder. Die Anzahl der Bohnen des 65. Feldes aber ermittelt man, wenn man die Anzahl Bohnen des 33. Feldes in's Quadrat erhebt, das ist, mit sich selbst multiplicirt; die Anzahl des 33. Feldes wird erhalten, wenn die Anzahl Bohnen des 17. Feldes mit sich selbst multiplicirt wird; die Anzahl des 17. Feldes findet man, wenn die Anzahl des 9. Feldes – und die Anzahl des 9. Feldes, wenn die Anzahl des 5. Feldes mit sich selbst multiplicirt wird (hieraus geht hervor, daß überhaupt jeder in's Quadrat erhobene Betrag irgend eines Feldes den Betrag desjenigen Feldes angiebt, welches man erhält, wenn das eben quadrirte Feld mit 2 multiplicirt und dann 1 davon abgezogen wird); die Anzahl Bohnen des 5. Feldes ist 16, was leicht zu finden ist; z. B.:

Die Anzahl Bohnen des 5. Feldes quadrirt	16
	16
9. Feld	256
	256
17. Feld	65536
Dieses wieder mit sich selbst multiplicirt	65536
33. Feld	4294967296
abermals mit sich selbst multiplicirt	4294967296
	18446744073709551616
1 abgezogen	1
Summe sämmtlicher 64 Felder	18446744073709551615

93. Antwort: a, 29,946,013,106,671$\frac{43123}{123200}$ Schffl.
b, ungefähr 748,650,327,667 Wagen,
c, 1,069,500,468$\frac{67}{700}$ Meilen,
d, über 198,055 Mal,
e, nahe an 65 Mal,
f, wenigstens 1,497,300 Jahreseinnahme.

94. Antwort: a, Nein! sondern nur 29348568000 S.
b, 34$\frac{268586}{3668571}$ Mal; denn 1 Billion Sec. machen 31,688 Jahre 32 Tage, 1 Stunde, 46 Minuten und 40 Secunden.

95. Antwort: a, 3,333,333,333 Thlr. 10 Ngr.,
b, 15,844 Jahre 16 Tage 53$\frac{13149}{39447}$ Minuten,
c, 380$\frac{3380}{13149}$ Jahre.

96. Antwort: 1,688,436$\frac{6997}{420768}$ Jahre.

97. Antwort: 50,000 Seufzer. – Die Berechnung ist leicht, denn die Hälfte von 20,000 Stichen, also 10,000, à 3 Seufzer, beträgt 30,000 und die andere Hälfte, also 10,000 Stiche, à 2 Seufzer, beträgt 20,000, mithin zusammen 50,000.

98. Antwort: 14 Jahre, – denn in 56 Jahren erfolgen, wenn das Herz in der Minute 75 Mal schlägt, dieselben Pulsschläge, als in 70 Jahren, wenn es in einer Minute 60 Mal schlägt, nämlich: 2,209,032,000 Schläge, (Das Jahr zu 365$\frac{1}{4}$ Tage gerechnet)

Auflösung: Man suche erst, wieviel in 70 Jahren Pulsschläge erfolgen, wenn das Herz in der Minute 60 Mal schlägt; diese gefundenen 2,209,032,000 dividire man mit 39,447,000 als der Summe, die gefunden wird, wenn man sucht, wieviel Schläge in einem Jahre erfolgen; wenn das Herz in einer Minute 75 Mal schlägt, so giebt der Quotient 56 die Jahre, in welchen zu 75 Pulsschlägen in der Minute 2,209,032,000 Schläge erfolgen, und da 56 um 14 kleiner ist, als 70, so beträgt mithin die Verkürzung des Alters 14 Jahre.

99. Antwort: Wer die Regel nicht weiß, wird es kaum mit großer Mühe bewerkstelligen können; sie ist folgende: man schreibe in das mittelste Feld g die Zahl 5, in die vier Eckfelder **A, B, C, D**, aber gerade Zahlen, und zwar so, daß die zwei Eckzahlen, welche sich gegenüberstehen, die Felder **A** und **D**, ebenso **B** und **C**, zusammen **10** betragen; in die übrigen vier Felder aber, **e, f, h, i**, kann man nun leicht die noch fehlenden ungeraden Zahlen so hinzuschreiben, daß man nach allen Seiten 15 zählen kann, z. B.:

15 15 15 15 15

8	1	6	15
3	5	7	15
4	9	2	15

6	7	2
1	5	9
8	3	4

4	3	8
9	5	1
2	7	6

Man kann auch die neun Zahlen nach der bei dem 25feldigen Quadrate gegebenen Regel eintragen.

100. Antwort: Man schreibe zuerst die Zahlen in der natürlichen Reihenfolge auf, als:

1	2	3	4
5	6	7	8
9	10	11	12
13	14	15	16

Dann verwechsele man die vier mittleren Zahlen der ersten und letzten Horizontalreihe so, daß 2 mit 15 und 3 mit 14 die Stellen wechseln. Ebenso verwechsele man die vier mittleren Zahlen der ersten und vierten Verticalreihe, daß also die 5 mit der 12 und die 9 mit der 8 die Stellen wechseln. Hierdurch erhalten die Zahlen die richtige Stellung, wie folgende Figur zeigt:

34	34	34	34	34	34
	1	15	14	4	34
	12	6	7	9	34
	8	10	11	5	34
	13	3	2	16	34

101. Antwort: Die Vertheilung kann nach folgender Regel geschehen:

		1	8	
	5	7		
4	6			
10	12			3
11			2	9

17	24	1	8	15
23	5	7	14	16
4	6	13	20	22
10	12	19	21	3
11	18	25	2	9

Man setze zuerst die Zahl 1 in das mittelste Feld der oberen Horizontalreihe und die 2 in das untere Feld der nächsten Reihe rechts; die 3 setze man in die nächstobere Reihe ein Feld weiter rechts. Kommt man, wie hier, mit der 3 in ein rechtes Seitenfeld, so wird die 4 links in die erste Verticalreihe ein Feld höher gesetzt. Und so setze man nun die folgenden Zahlen immer in die nächstobere Reihe ein Feld weiter rechts, und findet man das Feld, wo die nächstfolgende Zahl stehen sollte, bereits besetzt, wie hier, wo die 6 stehen sollte, bereits die 1 steht, so setze man die neue Zahl unmittelbar unter die vorhergehende, also die 6 sogleich unter die 5; dann fahre man weiter fort, die folgenden Zahlen in die nächstobere Reihe ein Feld weiter rechts zu setzen. Kömmt man auf diese Art bis zu einem obersten Felde, wie dies in der obigen Figur bei 8 der Fall ist; so wird die folgende Zahl 9 in das unterste Feld der nächsten Reihe rechts gesetzt; ebenso folgt nach dem letzten Felde rechts das erste Feld links der nächstoberen Reihe, wie hier die 10 auf die 9 folgt. Da nun das nächstobere Feld rechts schon besetzt ist, so schreibt man, wie bereits angegeben, die 11 unter die 10, die 12 ein Feld weiter rechts.

Vertheilt man alle 25 Zahlen nach dieser Regel, so erhalten sie ihre richtige Stellung.

Es giebt nun die Summe einer jeden Reihe von fünf nebeneinander stehenden Zahlen 65, wie in dem zweiten ausgefüllten Quadrat zu sehen ist.

102. Antwort:

Diese:

1	32	34	3	35	6
12	8	28	27	11	25
24	23	15	16	14	19
13	20	21	22	17	18
30	26	9	10	29	7
31	2	4	33	5	36

103. Antwort: Man lege die 27 Karten, worauf auf jeder eine der 27 Zahlen steht, in folgender Ordnung zusammen:

Ordnung d. Karten	Zahlen	
1. Karte.	16	d. 1. beim Ausgeben d. Karten,
2. "	512	" 2. " " " "
3. "	4	" 3. " " " "
4. "	8	" 1. " " " "
5. "	32	" 2. " " " "
6. "	128	" 3. " " " "
7. "	256	" 1. " " " "
8. "	2	" 2. " " " "
9. breite K.	64	" 3. " " " "
10. Karte.	24	" 1. " " " "
11. "	768	" 2. " " " "
12. "	6	" 3. " " " "
13. "	12	" 1. " " " "
14. "	48	" 2. " " " "
15. "	192	" 3. " " " "

16. Karte	384	d. 1. beim Ausgeben d. Karten
17. "	3	" 2. " " " "
18. breite K.	96	" 3. " " " "
19. Karte.	56	" 1. " " " "
20. "	1792	" 2. " " " "
21. "	14	" 3. " " " "
22. "	28	" 1. " " " "
23. "	112	" 2. " " " "
24. "	448	" 3. " " " "
25. "	896	" 1. " " " "
26. "	7	" 2. " " " "
27. breite K.	224	" 3. " " " "

Die 9., 18. und 27. Karte müssen etwas breiter sein, damit bei'm Abheben die Ordnung der Zahlen in den drei Zauberquadraten nicht gestört werde. Wenn die Karten so in Ordnung liegen, läßt man abheben; dies wird natürlich da geschehen, wo eine von den breiten Karten ist; folglich wird die Ordnung der Zahlen, die ihnen in vorstehender Tabelle gegeben worden ist, nicht gestört werden. Man sieht hieraus, daß, wenn man die Karten einzeln nach einander, oder so 3 und 3, drei verschiedenen Personen austheilt, eine jede die Zahlen von einer Reihe des magischen Quadrats in die Hände bekommen müsse, welche, mit einander multiplicirt, drei gleiche Producte geben. Um die Zahlen übersehen zu können, legt man das Spiel, ohne es aber aus der Ordnung zu bringen, auf dem Tisch auseinander; dann nimmt man es wieder zusammen und läßt es einige Male abheben oder mischt das Spiel so, daß man ungefähr die Hälfte vom Spiel unten wegnimmt und sie oben hinlegt; dies thut man einige Mal mit Vorsicht, wodurch das Spiel nicht in die geringste Unordnung gerathen wird, läßt man abheben und sagt zugleich, was man damit machen wolle: Man erbietet sich, die Karten einzeln oder auch mehrere auf ein Mal auszugeben. Nur darf man nicht mehr als 9 Karten auf ein Mal ausgeben, weil dadurch das Multipliciren beschwerlich sein würde. Wenn die

Karten ausgetheilt sind, läßt man eine jede dieser drei Personen, und zwar eine nach der andern, die Zahlen, die auf ihren Karten geschrieben stehen, mit einander multipliciren und sagt ihnen zum Voraus, daß sie einerlei Product erhalten würden. Man kann die Belustigung mit demselben Spiele von Neuem machen, wenn der übrige Theil desselben nicht aus der Ordnung gekommen ist. Man nimmt nämlich die ausgetheilten 9 Karten, legt sie auf das Spiel und mischt die Karten, aber so, daß man die 9 letzten ungemischt unter dem Spiele liegen läßt. Läßt man hierauf bei der breiten Karte, die über diesen neun Karten liegt, abheben, so kommen dieselben oben auf das Spiel zu liegen, und dienen dazu, daß man die Belustigung wiederholen kann. Dies wird dadurch noch mehr Bewunderung erregen, weil das Product von demjenigen unterschieden ist, welches die erste Belustigung angegeben hat.

Wenn man also die neun zuerst ausgegebenen Karten nicht wieder auf das Spiel legt, sondern bloß die achtzehn Karten, welche man noch in den Händen hat, auf die bereits angegebene Art mischt, dann bei der breiten Karte abheben läßt, das Spiel nun zurücknimmt und 9 Karten, oben weggenommen, unter die Personen einzeln, oder je 3 und 3 austheilt, so wird ebenfalls das Product der Multiplication bei jeder Person gleich lauten. Derselbe Fall tritt bei den 9 übrigen Karten ein, welche man in den Händen hat, wenn man so, wie mit den 18 Karten verfährt.

104. Antwort: Das Verfahren hierbei ist dasselbe wie bei der vorigen Belustigung, ausgenommen, daß man die einer jeden Person gegebenen Zahlen addiren läßt, deren Summe alle Mal gleich sein wird. Man kann auch, wenn man will, eine Karte nach der andern, oder auch drei Karten auf einmal, auch wohl jeder Person drei, sechs oder neun Karten geben, und überhaupt diese Belustigung so einrichten, daß sie die größte Bewunderung erregen kann.

105. Antwort: Man lege die 25 Karten in folgender Ordnung (vergleiche das Quadrat der Antwort zu dem Zauberquadrat von 25 Feldern, Nr. 101). Oben auf das Spiel kommen die Karten mit

17 und 23 bezeichnet, nach diesen beiden Zahlen
24 und 5, und so fahre man von
2 zu 2 Zahlen bis zu der letzten Reihe fort, deren Zahl 16 aber auf eine etwas breitere Karte geschrieben werden muß; dieselbe Ordnung ist in Ansehung der drei letzten Zahlen
4, 10 und 11,
welche in der ersten Reihe stehen, zu beobachten.

Man kann sich auch folgender Tabelle bedienen:

Karte.	Zahl.	
1 .	17	der 1. im Ausgeben der Karte
2 .	23	
3 .	24	der 2.
4 .	5	
5 .	1	der 3.
6 .	7	
7 .	8	der 4.
8 .	14	
9 .	15	der 5.
10 breite Karte.	16	
Karte.		
11 .	4	der 1.
12 .	10	
13 .	11	
14 .	6	der 2.
15 .	12	
16 .	18	
17 .	13	der 3.
18 .	19	
19 .	25	

20	.	20	der 4.
21	.	21	
22	.	2	
23	.	22	der 5.
24	.	3	
25	.	9	

Wenn die Karten so aufeinander liegen, fängt man an auszutheilen, stellt es jedoch frei, ob man zuerst 2 Karten und dann 3 oder zuerst 3 und dann 2 ausgeben soll. Wird verlangt, daß man zuerst 3 geben soll, so kann man vorher die Karten mischen, doch so, daß man ungefähr die Hälfte derselben unten wegnimmt und oben auf das Spiel legt; wenn dieses einige Mal geschehen ist, läßt man abheben. Derjenige, welcher abhebt, muß das Spiel an dem Orte theilen, wo sich die breite Karte befindet; geschieht dieses aber nicht, so befühle man erst das Spiel, ehe man die Karten ausgiebt, um zu erfahren, ob bei der breiten Karte abgehoben worden ist; man hebe alsdann entweder selbst ab oder lasse so lange abheben, bis das Spiel bei der breiten Karte getheilt wird. Wird aber verlangt, daß man erst 2 Karten geben soll, so läßt man nicht abheben und giebt; ohne gemischt zu haben.

Bemerkung: Auch wenn die Zahlen der Quadrate von 9, 16, 36, 49, 64, 81 und 100 Feldern auf Karten geschrieben werden und damit nach obiger Antwort verfahren wird, versteht sich nach dem Verhältniß des Quadrats, welches eben benutzt werden soll, so kann man eine Gesellschaft recht angenehm unterhalten, indem zu den Zahlen von jedem anderen Quadrate eine andere Anzahl Personen gehört, die Summe jeder Person bei ein und demselben Quadrate zwar gleich groß sein muß, aber bei Anwendung der verschiedenen Quadrate auch verschiedene Summen herauskommen.

Wer das Verfahren der obigen Antwort verstanden hat, wird auch die Zubereitung und Ausführung der übrigen Quadrate leicht bewerkstelligen können.

106. Antwort: So:

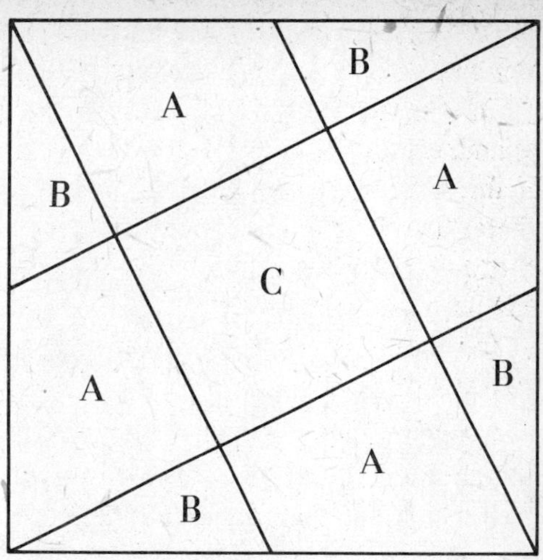

107. Antwort: Obgleich die beiden Papierstückchen von verhältnismäßig größerer oder kleinerer Form als hier angenommen sein können, so wird man doch leicht einsehen, daß dieselben von einer gewissen Größe abhängen müssen, und daß der Quadratinhalt des einen gerade so groß als der des andern sein muß. Um nun erst zwei dazu geeignete Papierstückchen zu erhalten, schneide man zwei längliche Vierecke von gleicher Länge und Breite aus Papier, z. B. in dieser Größe:

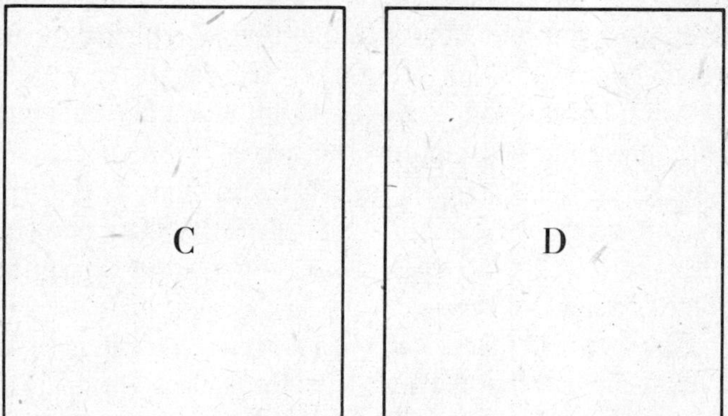

Nun lege man C der Länge nach in die Mitte zusammen, daß die Ecken genau auf einander zu liegen kommen und streiche den zusammengebogenen Rücken derb mit dem Nagel, damit der zusammengebogene Theil bei'm Auseinanderlegen sichtbar bleibe. Hierauf bringe man es nochmals in derselben Richtung übereinander, so daß es vierfach zu liegen kommt, streicht es abermals mit dem Nagel und schneide alsdann mit einem Messer den obersten, vierten Theil – in den Umbug hinfahrend – ab. Das Bleibende hat, wenn es auseinandergebreitet wird, folgende Gestalt;

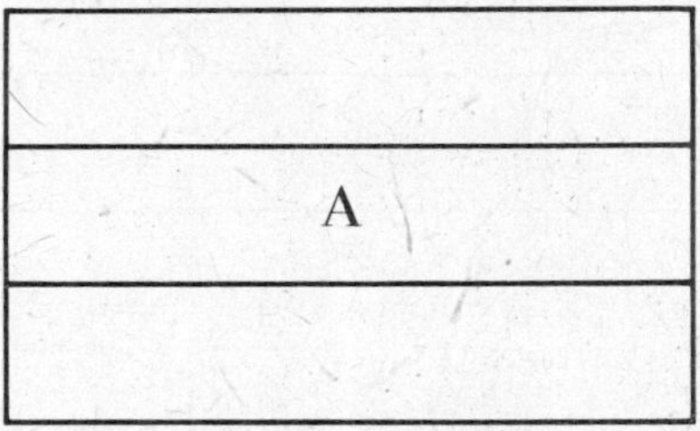

und mithin genau die Länge und Breite wie Figur A der Aufgabe. (Die zwei mittlern Linien geben die gebogenen Stellen an.) Mit dem zweiten Papierstück, Figur D, verfährt man auf ähnliche Weise. Dieß wird jedoch nicht der Länge, sondern der Breite nach zweimal übereinander gelegt, mit dem Nagel gestrichen und wenn der oberste, vierte Theil ebenfalls abgeschnitten ist, und das Bleibende auseinandergebreitet wird, so entsteht diese Figur:

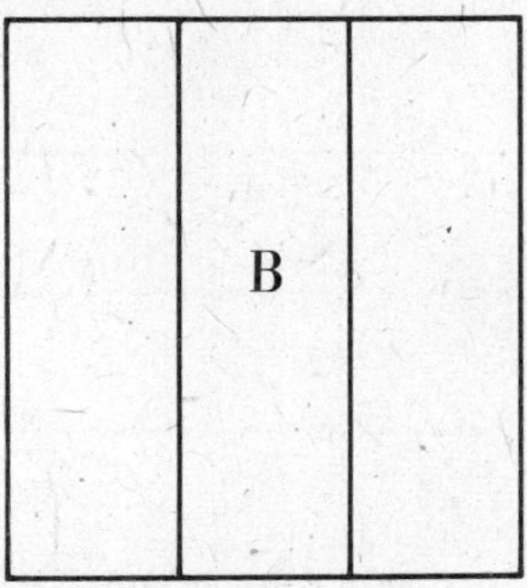

Der Figur B in der Aufgabe gleich.

Diese zwei letzten Figuren **A** und **B** sind also den beiden der Aufgabe gleich. Um nun z. B. **A**, wie die Aufgabe verlangt, einmal zu durchschneiden, damit die zwei durch den Schnitt erhaltenen Theile, wenn sie wieder zusammengesetzt und auf **B** gelegt werden, genau so lang und breit als **B** sind, lege man **A** wieder auf obige Art, aber der Breite nach, zweimal übereinander, und wenn auch hier die zusammengebogenen Stellen mit dem Nagel gestrichen sind und, ohne etwas davon abzuschneiden, wieder auseinander gebreitet wird, so bildet sich dadurch folgende, in Folge der Biegung in Felder eingetheilte Figur:

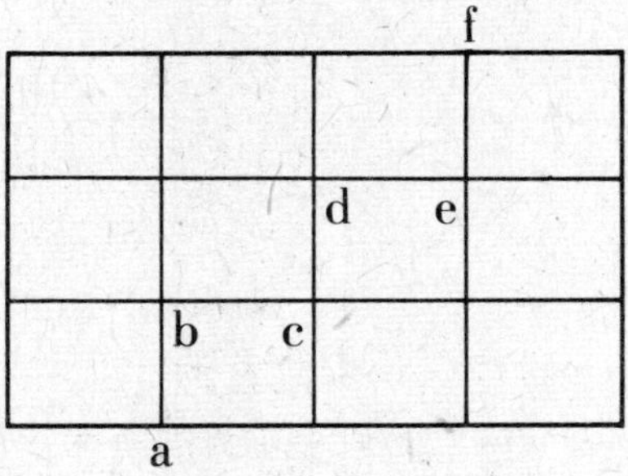

Nun nehme man eine Scheere, schneide in Zikzak von **a** nach **b**, von **b** nach **c**, von **c** nach **d**, von **d** nach **e**, von **e** nach **f** zu und schiebe hierauf die Theile ein Dritttheil zusammen, wodurch sie sich so gestalten und nun diese Figur genau so lang und breit als **B** sein muß. Will man das Papier **B** zerschneiden, um

daraus die Form von A zu machen, so legt man es der Länge nach auf die beschriebene Weise zusammen, schneidet es hierauf, so wie der Durchschnitt dieser letzten Figur zeigt, auseinander und schiebt es nun ein Dritttheil in die Länge.

108. Antwort: Der Schreiner berechnete nach seiner ersten Angabe, daß, wenn das Bret 3 Zoll, oder $\frac{1}{4}$ schmäler und 4 Zoll, oder $\frac{1}{3}$ länger wäre, dasselbe zur Ausfüllung der Oeffnung genau passe, theilte, um eine solche Form zu bekommen, das Bret von einer Seite zur andern in 4, und von Unten nach Oben in 3 gleiche Theile, theilte diese Theile durch Linien ab und schnitt nun von **a** nach **b**, von **b** nach **c**, von **c** nach **d**, von **d** nach **e** und von **e** nach **f**, folgender Figur ähnlich:

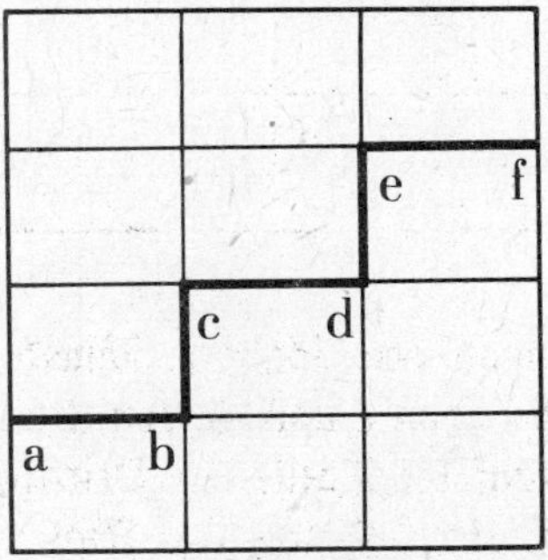

Nun schob er das rechts abgeschnittene Theil, wodurch das Bret folgende Form und die Länge und Breite der Oeffnung erhielt, und der Schreiner damit dieselbe gehörig ausfüllte.

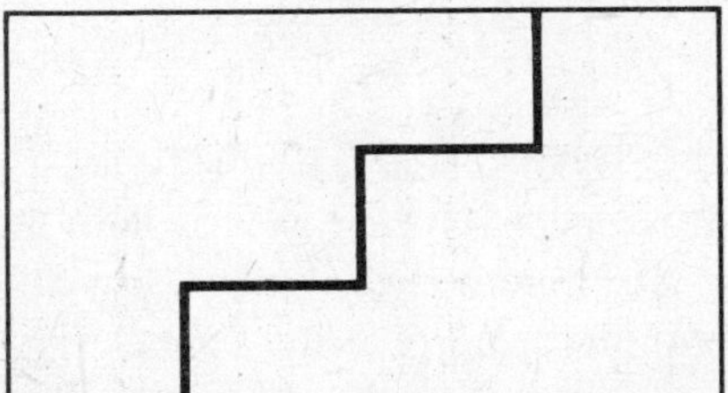

109. Antwort: Man lege das Papier so der Breite nach zusammen, daß A auf **B** und C auf **D** zu liegen kommt und dadurch ein doppeltliegendes Quadrat bildet, wie unten Figur A. Hierauf schneide man das so zusammengelegte Papier, wo es gebogen ist, auseinander, lege nun die zwei Theile, aufeinanderliegend, abermals in der Mitte übereinander, daß es die Gestalt der Figur **B** hat und vierfach aufeinander liegt. Alsdann schneide man wieder die gebogenen Stellen durch, lege die vier Theile, genau aufeinanderliegend, nochmals der Breite nach über einander, wie Figur C, schneide auch hierauf die gebogenen Stellen durch, so entstehen durch 3 Schnitte 8 kleine Quadrate = Figur C.

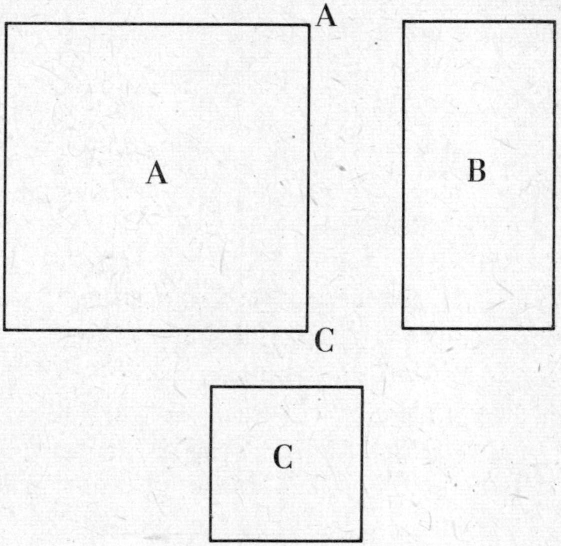

110. Antwort: Um womöglich jedesmal zuletzt wegnehmen zu können, merke man folgende Regel, nach welcher allemal derjenige zuletzt wegnehmen wird, der von den 30 Rechnenpfennigen zuerst wegnimmt, wenn beide damit sich Unterhaltende die Regel kennen. Soll man zuerst von den 30 Rechnenpfennigen einige wegnehmen, so nehme man 2 Stück und habe nun ein Auge auf die andere Person, wieviel sie davon wegnimmt, dann nehme man wieder soviel, daß der Person ihre und die selbst zuletzt hinweggenommenen zusammen 7 betragen. Wird so wechselseitig fortgefahren und das Verfahren beobachtet, so werden, wenn man selbst weggenommen hat, alle weggenommenen zusammen entweder 2, 9, 16 oder 23, also eine arithmetische Progression ausmachen; hat man zuletzt weggenommen und die Zahl aller weggenommenen Pfennige beträgt 23, so liegen noch 7 da; weil aber ausgemacht ist, daß nicht über 6 Stück weggenommen werden dürfen, so mag der Gegner wegnehmen, wie er will, man wird doch zuletzt wegnehmen können. Hat man aber mit einer Person zu thun, welche diese Regel nicht weiß, so kann man immer etwa einen Rechnenpfennig so lange wegnehmen, bis, wenn man das vorletzte Mal wegnimmt, noch 7 daliegen, um dann gewiß zuletzt wegnehmen zu können. Z. B., man nehme der Regel zufolge von den

30 Rechnenpfennigen	2,	eine zweite	Person	beliebig		3,
man selbst wieder	4,	"	"	"	"	5,
" " "	2,	"	"	"	"	4,
" " "	3,	"	"	"	"	3;

jetzt sind noch 4 Stück übrig, diese nimmt man zuletzt weg und hat gewonnen.

111. Antwort: Hat man ein Blatt so zusammengelegt, daß die Ecke C auf die Ecke B kommt, der Umbug von A nach D hingeht und ein Dreieck wie Figur E bildet, so zerschneide man es mit einem Messer, in dem Umbug hinfahrend, und lege hierauf diese zwei aufeinanderliegenden Dreiecke so zusammen, daß A genau auf D zu liegen kommt, der Umbug in die Ecke C läuft und folglich ein halb so großes Dreieck als das vorige wird, wie Figur F nachweis't. Schneidet man alsdann nochmals in dem Umbug hin, so bekommt man 4 Dreiecke, welche, wenn man zwei mit ihren, dem rechten Winkel gegenüberliegenden Seiten zusammenlegt, 2 Quadrate von gleicher Größe geben = Figur G.

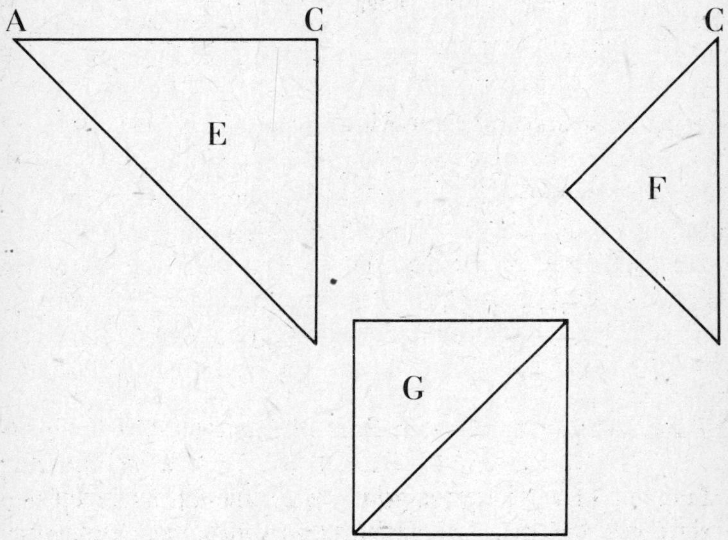

112. Antwort: Durch den ersten Schnitt wird der Umbug **a b** abgeschnitten, wie Figur A zeigt. Dann wird das abgeschnittene Stück an die andern beiden Stücke, alle drei zusammenschiebend, gelegt und dieselben durch den zweiten Schnitt in der Mitte in 6 Theile getheilt, wie Figur **B** zeigt.

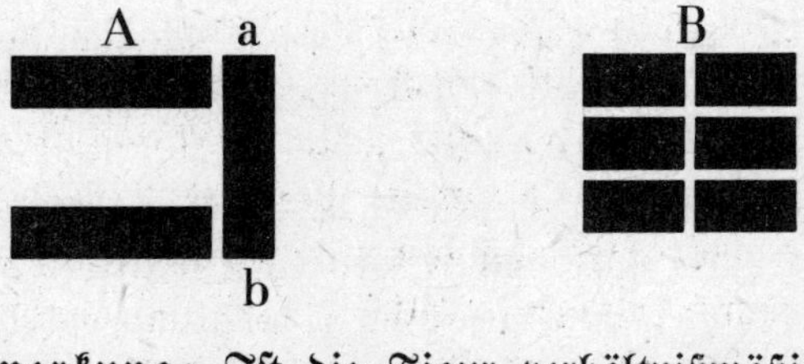

Bemerkung: Ist die Figur verhältnißmäßig geformt und wird dieselbe richtig durchschnitten, so werden alle 6 Theile gleich groß.

113. Antwort: Das Quadrat

So: 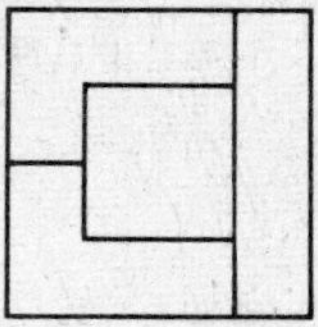 oder so: 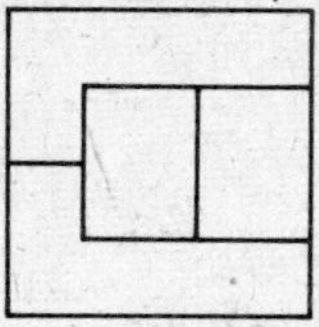

Die unregelmäßige Fläche

So: oder so:

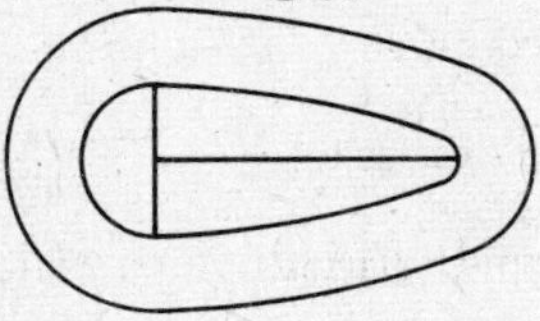 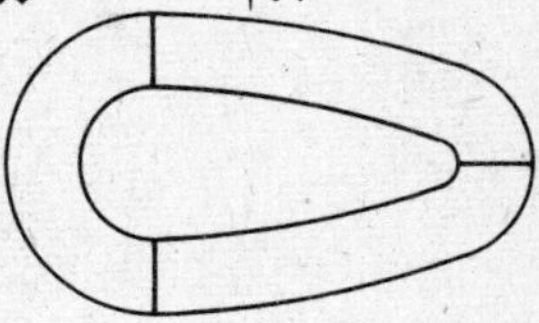

114. Antwort: Die erste Zahl ist 3 und die Progression 3, 11, 19, 27, 35, 43, 51, 59, 67, 75, 83, 91, 99. Auch kann mit 11 und so fort angefangen werden, nur muß man es so einrichten, daß man sich die folgenden Glieder der Progression erhält, wovon das folgende immer um 8 größer ist, als das nächstvorhergehende und zeigt, daß die von der Person und die selbst dazuaddirte Zahl, beide zusammen immer 8 betragen müssen.

Regel: Man findet die Zahl 3, mit welcher man anfangen muß, wenn man die von beiden Personen bestimmte Zahl 7, die höchstens dazuaddirt werden soll, um 1 vergrößert und mit dieser um 1 vergrößerten 7, also mit 8, in die Gewinnzahl 99 dividirt; der Rest 3 hiervon ist die erste Zahl, womit angefangen wird zu rechnen. Zu 3 mag nun die zweite Person 1, 2, 3, 4, 5, 6 oder 7 addiren, so addirt man noch so viel dazu, daß beide Zahlen 8 betragen, wodurch das zweite Glied, 11, der Progression herauskommt. Hat hierauf die zweite Person wieder hinzuaddirt, so addirt man wieder so viel dazu, daß Beides 8 beträgt und dadurch das dritte Glied, 19, herauskommt. Fährt man so fort, daß, wenn man selbst dazu addirt, Alles zusammen 91 beträgt, so kann die zweite Person eine Zahl von 1 bis 7 dazuaddiren, was für eine sie will, man wird dann die 99 zuerst erreichen.

115. Antwort: Die hier ausgestrichenen:

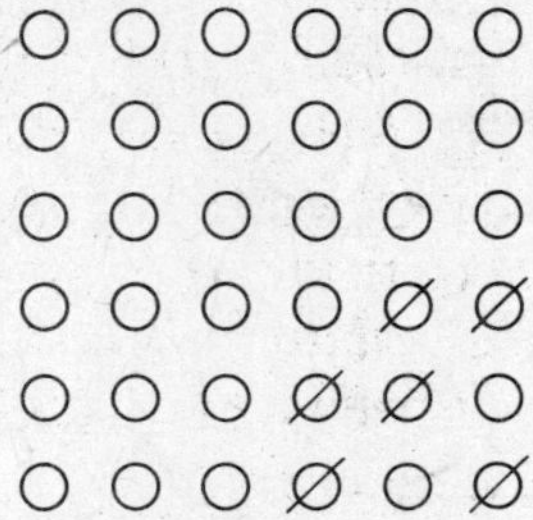

116. Antwort: Mit 9 wurde multiplicirt und da diese Ziffer die besondere Eigenschaft hat, daß, wenn sie mit einer andern Ziffer von 1 bis 9 multiplicirt wird, und die Ziffern des Products zusammenaddirt werden, allemal wieder 9 herauskommen, so ist folglich auch hier die Größe der 9 gleichen Summen 9. Z. B. die erste Person spricht 1×9 ist 9; dieses Product besteht aus einer einzigen Zahl, mithin fällt die Addition weg. Die Zweite spricht: 2×9 ist 18, also $1 + 8 = 9$; die Dritte spricht: 3×9 ist 27, 2 und 7 addirt, giebt wieder 9; die Vierte spricht 4×9 ist 36, $3 + 6$ ist auch 9; die Fünfte spricht: 5×9 ist 45 und $5 + 4$ ist wieder 9 u. s. w.

117. Antwort: Man läßt eine Person eine, zwei, drei oder mehrere Reihen Ziffern nach Belieben hinschreiben; dann schreibt man selbst eben so viele Reihen und noch eine mehr, als die Person geschrieben hat, hinzu. Hierbei ist jedoch genau zu beachten, daß jede Zahl in den selbst geschriebenen Ziffernreihen, zu der gegenüberstehenden Zahl in den von der Person geschriebenen Ziffernreihen addirt, allemal 9 betrage, und daß in der Reihe, welche man mehr dazu schrieb, allemal zwei Ziffern ein Product aus 9 enthalten, z. B. 36 (4×9), 45 (5×9)

u. s. w. – Nachdem man nun die Additionsaufgabe auf diese Weise so eingerichtet hat, läßt man sie von einer Person zusammenaddiren und dann die obern Zahlen der Aufgabe und eine beliebige Ziffer von der Summe der addirten Größen wegwischen; diese ausgelöschte Ziffer kann man leicht nennen, wenn man die Ziffern des Facits zusammenzählt; man wird finden, daß an der Summe noch eine gewisse Zahl fehlt, um ein Product aus 9 zu erhalten; diese fehlende Ziffer ist die weggewischte.

Z. B., es wären von einer Person in folgendem Exempel die drei obersten Reihen geschrieben worden, so müßte man die Ziffern der drei untersten Reihen und eine noch besonders hinzufügen:

```
 726381
 235106
 536847
 463152
 764893
 273618
 547290
-------
3547287
```

Addirt man die einzelnen Ziffern dieses Facits zusammen, so bekommt man 36, worin die 9 vier Mal enthalten ist. Wäre nun, z. B., die 4 aus diesem Facit weggewischt worden, so bekommt man durch Addition der noch stehenden 357287 die Zahl 32, worin 9 nur dann erst aufgehen kann, wenn noch 4 dazuaddirt werden; folglich ist die hinweggewischte Ziffer eine 4 gewesen.

Ebenso gut ist man im Stande, die ausgelöschte Ziffer zu nennen, wenn man die Aufgabe so einrichtet, daß jedesmal zwei nebeneinanderstehende Ziffern zusammenaddirt 9 betragen.

Z. B.

```
 451836
 902754
 816327
 547236
-------
2718153
```

In der obern Reihe ist 4 + 5 = 9, 1 + 8 = 9, 3 + 6 = 9; in der zweiten Reihe ebenso: 9 + 0 = 9, 2 + 7 = 9 u. s. w.

Die Ziffern dieser Summenreihe, als Einer betrachtet, betragen, wenn sie addirt werden, 27; also ein Product aus 9; man wird daher die aus diesem Beispiel ausgelöschte Ziffer so leicht wissen können, als die aus dem ersten.

Oder ist die Summe der Ziffern, als Einer betrachtet, jeder Reihe einer Additionsaufgabe ein Product aus 9, so wird auch die Summe von der ganzen Aufgabe ein Product aus 9 und folglich ebenfalls die ausgelöschte Ziffer genannt werden können, als:

35127	= 18
31941	= 18
96255	= 27
43200	= 9
29151	= 18
235674	= 27

Auch hier ist, wie bei der vorigen Antwort, zu bemerken, daß, wenn die Summe der zusammenaddirten Ziffern des Facits, nach dem Auslöschen einer Ziffer, durch 9 ohne Rest getheilt werden kann, die ausgelöschte Ziffer entweder eine 0 oder eine 9 gewesen ist.

118. Antwort: Um eine solche Aufgabe zu bekommen, fordere man eine Person auf, 3 Reihen beliebiger Ziffern untereinander zu schreiben; wenn dieses geschehen ist, so wählt man eine davon zur Summenreihe und schreibt selbst noch zwei Reihen Ziffern, wie unten näher angegeben, darunter.

Z. B.:

358267	von der Person geschriebene Reihen.
524716	
937145	
641732	selbst hinzugeschriebene Reihen.
475283	
2937143	

In diesem Beispiel ist die Reihe 937145 zur Summenreihe gewählt; die 2 selbst hinzugeschriebenen Reihen müssen aus den 2 oberen Reihen gebildet werden und zwar so, daß immer jede einzelne Ziffer derselben von 9 abgezogen wird und aus den Resten die 2 letzten Reihen entstehen; z. B. die einzelnen Ziffern der obern Reihe von 9 abgezogen betragen 641732 (vierte Reihe obiger Aufgabe); die der zweiten Reihe 475283 (fünfte Reihe der Aufgabe). Nunmehr ziehe man die Summe der Reihenpaare von der letzten Ziffer der Summenreihe ab; in vorigem Beispiel sind es 5 Reihen, also ohne die Summenreihe 2 Paar, mithin wird 2 hinten von der 5 der Summenreihe abgezogen, bleibt 3; diese 3 schreibe man als letzte Ziffer und die Summe der Reihenpaare, 2, als erste Ziffer unter den Strich, in die Mitte setze man die Ziffern der Summenreihe, mit Ausschluß der letzten, von welcher man die Summe der Reihenpaare abgezogen hat; die Summe ist 2937143.

Bei dergleichen Aufgaben kann man auch der Person freistellen, wieviel Reihen und wieviel Ziffern in jede Reihe sie schreiben will. Z. B. eine Person habe folgende 6 Reihen geschrieben:

7816042
3081674
5761024
9672140
2836435
4813624

so wähle man diejenige Reihe, welche mit 9 anfängt, nämlich die vierte, zur Summenreihe, und schreibe dann nach der angegebenen Regel folgende 5 Reihen hinzu:

2183957
6918325
4238975
7163564
5186375

Diese 11 Reihen machen 5 Paar; 5 von 40, als letzte Ziffern der Summenreihe, abgezogen bleibt 35; wenn man nun die Ziffern der Summenpaare, 5, vorn wieder hinzusetzt, so muß 59672135 die Hauptsumme aller 11 Reihen sein. Man sieht hieraus, daß man im Stande sein wird, unter alle auf diese Weise eingerichtete Beispiele die Summe ohne wirkliche Addition zu schreiben.

119. Antwort: Hat die Person eine gewählte Zahl vor sich hingeschrieben, so läßt man dieselbe mit 9 multipliciren und die Ziffern des Productes, als Einer betrachtet, zusammenaddiren; die Summe muß jedesmal 9 betragen, welche man der Person, ohne noch eine Frage zu thun, nennen kann. Hat die Person z. B.

	20	oder	9	oder	2 gewählt und
multiplicirt mit	9		9		9
	180 = 9.		81 = 9.		18 = 9.

so beträgt 1 + 8 + 0 = 9; 8 + 1 auch 9 und 1 + 8 auch 9. Da die Summe allemal 9 beträgt, so wird man diese Belustigung nur ein Mal zeigen können.

120. Antwort: Hat eine Person eine Reihe Ziffern hingeschrieben, so läßt man dieselbe mit 9 oder einem Product aus 9; als: 18, 27, 36 etc., multipliciren, und hat man hierauf die Factoren und eine Ziffer des Facits wegwischen lassen und addirt nun die noch dastehenden Ziffern zusammen, so wird man leicht die hinweggewischte Ziffer des Facits nennen können, weil an der Summe des Facits, um 9 darin aufgehen zu lassen, gerade noch soviel fehlt, als die hinweggewischte Ziffer des Facits beträgt. Z. B.

$$\begin{array}{rl} 385724 & \text{mit} \\ 9 & \text{multiplicirt} \\ \hline 3471516 & \end{array}$$

Wenn diese Ziffern des Facits zusammenaddirt werden, so geben sie 27, worin die 9 3 Mal enthalten ist. Wäre nun, z. B., die 5 weggewischt worden und man zählte die noch übrigen Ziffern zusammen, so gäbe ihre Summe 22; es fehlten demnach 5, ehe es ein Product von 9 würde, folglich muß die gelöschte Ziffer des Facits 5 sein.

Ein ähnliches Verhältniß findet statt, wenn man die hingeschriebene Ziffernreihe mit 18, 27, 36, 45, 54, 63, 72 etc. multipliciren läßt.

Um die Sache noch mannichfaltiger zu machen, kann man die Zahl, womit die geschriebene Ziffernreihe multiplicirt werden soll, zerfällen; z. B., die Ziffern 23584 habe eine Person geschrieben und sollte sie mit 72 multipliciren, so läßt sich 72 in 3, 4 und 6 zerfällen; mit diesen Ziffern läßt man nun, statt mit 72, nach einander multipliciren, als:

23584	× 72
70752	(3
283008	(4
1698048	(6

Daß man eine ausgelöschte Ziffer aus diesem Facit nach obigem Verfahren auch nennen kann, ist leicht einzusehen.

Tritt der Fall ein, daß nach dem Auslöschen einer Ziffer die zusammenaddirten Ziffern der Summe des Facits dennoch ein Product von 9 oder eine Zahl geben, worin die 9 ohne Rest getheilt werden kann, so ist die ausgelöschte Ziffer entweder eine 0 oder 9 gewesen.

121. Antwort: Man ziehe einen Strich und schreibe darunter eine Ziffernreihe von 7 beliebigen Ziffern, welche die Summe von einer noch zu gebenden Additionsaufgabe sein soll, und wovon die erste Ziffer zur Linken eine 3 ist als:

$$\overline{3873545}$$

Hierauf läßt man erst eine Person sechs beliebige Ziffern über den Strich schreiben; dann fordert man eine zweite Person auf, über die von der ersten Person geschriebene Reihe Ziffern eine zweite Reihe willkürlicher Ziffern zu schreiben, und so läßt man auch von einer dritten Person eine dritte Reihe Ziffern hinzuschreiben, nämlich:

```
 485267
 253038
 369125
3873545
```

Nun schreibe man selbst vier Reihen Ziffern darüber, wovon aber jede Ziffer von den drei zuerst hinzugeschriebenen Reihen (welche man selbst schreibt) mit jeder Ziffer der darunter stehenden Ziffernreihe (welche man von den Personen schreiben ließ) jedesmal 9 betrage (dem angegebenen Verfahren in voriger Antwort ganz gleich). Die vierte Reihe muß aber aus der zuerst hingeschriebenen Summe gebildet werden, und zwar so, daß die 3 zur Linken zu der 5 zur Rechten addirt wird, wodurch man 873548 erhält und die Ziffern als vierte Reihe, oder vielmehr als siebente Reihe der Aufgabe von unten, schreibt.

```
Z. B.  873548   aus der Summe gebildete Reihe.
       514732 ⎫
       746961 ⎬ selbst hinzugeschriebene Reihen.
       630874 ⎭
       485267 ⎫
       253038 ⎬ von den Personen geschriebene Reihen.
       369125 ⎭
      3873545
```

Wird die Aufgabe, wie gewöhnlich, addirt, so wird man sehen, daß die Summe richtig, mithin genau diejenige ist, welche man im Voraus hinschrieb.

Man kann auch mehrere Reihen von Personen schreiben lassen, wobei jedoch zu bemerken ist, daß man selbst jedesmal auf oben angegebene Art, ebensoviel Reihen, ohne die aus der Summenreihe gebildete, hinzufügen muß, und die erste Ziffer zur Linken in der im Voraus hingeschriebenen Summenreihe muß soviel betragen, als man Reihen schreiben lassen will, die man auch zur ersten Ziffer zur Rechten der Summenreihe zu addiren hat, um die oberste Reihe der Aufgabe zu bilden.

Z. B.	57242	gebildet aus der Summe.
	36427	
	41528	selbst hinzugeschriebene Reihen.
	60736	
	26471	
	63572	
	58471	von der Person geschriebene Reihen.
	39263	
	73528	
	457238	Summe.

Wenn man die obere Ziffernreihe aus der Summe bilden will, und wenn die erste und letzte Ziffer derselben zusammen mehr als 9 beträgt, wie in vorigem Beispiele, so wird die erste Ziffer zur Linken zu den beiden letzten Ziffern zur Rechten addirt. Uebrigens hat man zu berücksichtigen, daß jede von den Personen gegebene Reihe eine Ziffer weniger haben muß, als die geschriebene Summe enthält, wenn man weniger, als zehn Reihen schreiben läßt.

122. Antwort: Mit 9, 18, 27, 36, 45, 54, 63, 72 oder 81, also ein Product aus 9, muß die Ziffernreihe 12345679 multiplicirt werden. – Nennt die Person eine Lieblingsziffer, so findet man daraus den Multiplicator, oder die Zahl, womit die obige Zifferreihe multiplicirt werden muß, wenn man die genannte Lieblingsziffer mit 9 multiplicirt. Z. B., ist die Lieblingsziffer 5, so sagt man insgeheim: 5 × 9 ist 45, womit man nun multipliciren läßt; dagegen würde man mit 81 multipliciren lassen, wenn die genannte Lieblingsziffer 9 wäre (9 × 9 ist 81).

Die Lieblingsziffer 4	oder die Lieblingsziffer 8
12345679	12345679
36	72
74074074	24691358
37037037	86419753
444444444	888888888

Um eine Veränderung bei dieser Belustigung zu machen, kann man auch den Multiplicator zerfällen und mit diesen zerfällten Ziffern die Ziffernreihe nach einander multipliciren lassen. Würde, z. B., die 6 als Lieblingsziffer angegeben, so müßte man eigentlich mit 54 multipliciren lassen; da sich aber 54 in 2, 3 und 9 zerfällen läßt, so läßt man mit diesen Zahlen multipliciren, wie folgt:

12345679	× 54
24691358	(2
74074074	(3
666666666	(9

123. Antwort:

					89		90
	$50\frac{1}{2}$	oder	$78\frac{3}{6}$	oder	$6\frac{1}{2}$	oder	$8\frac{3}{6}$
	$49\frac{38}{76}$		$21\frac{45}{90}$		$4\frac{35}{70}$		$1\frac{27}{54}$
Summe	100		100		100		100

124. Antwort: Da den Söhnen nur untersagt war, keins der vollen Fäßchen anzubrechen, so schütteten sie vor der Theilung den Wein aus 2 halbvollen Fäßchen zu den in 2 andern halbvollen, wodurch sie 9 volle, 3 halbvolle und 9 leere Fäßchen erhielten, wovon jeder 3 volle, 1 halbvolles und 3 leere nimmt und folglich jeder 7 Fäßchen und $3\frac{1}{2}$ Fäßchen Wein bekommt. – Die Töchter mußten es anders machen, da sie aus keinem Fäßchen etwas herausschütten sollten. Die eine nimmt daher 2 volle,

3 halbvolle und 2 leere, die zweite auch 2 volle, 3 halbvolle und 2 leere, und die dritte 3 volle, 1 halbvolles und 3 leere; wodurch jede ebenfalls 7 Fäßchen und $3\frac{1}{2}$ Fäßchen Wein bekommt.

125. Antwort: Hat man ein solches Büchelchen angefertigt, und will man nun wissen, wie alt eine Person sei, so überreicht man das Büchelchen der Person und läßt sich genau angeben, auf welchen dieser sieben Seiten die Zahl ihrer Jahre steht; ist dieses geschehen, so addirt man die ersten Zahlen der angegebenen Seiten – die man deßhalb leicht im Gedächtniß behalten kann, weil sie geometrischer Progression sind – zusammen; das Facit ist die Zahl der Jahre.

Wenn man aber etwa die sieben ersten Zahlen der Seiten nicht gut im Gedächtnisse haben sollte, so kann man das Büchelchen der Person vorhalten und sich die Seiten, wo die Zahl ihrer Jahre steht, eine nach der andern angeben lassen; dabei addire man die ersten Zahlen der genannten Seiten zusammen und gebe dann das Facit an; wodurch zwar dieses schöne Kunststück etwas verliert, aber immer noch eine überraschende Unterhaltung gewährt.

Hätte z. B. eine Person die erste, vierte und sechste Seite genannt, wo die Zahl steht, wie alt sie sei, so addirt man von jeder Seite die erste Zahl, also 1, 8 und 32, zusammen; das Facit beträgt 41, folglich ist die Person 41 Jahre alt.

Anmerkung: Daß man nicht nur das Alter einer Person hierdurch wissen kann, sondern auch jede zu wählende Zahl von 1 bis 127, wird man leicht einsehen.

126. Antwort: Hat man das Uebrigbleibende sich angeben lassen, so schneidet man, oder denkt sich vielmehr die 2 Dreien rechts davon weg, und zieht 1 von der übriggebliebenen Zahl ab; was nun übrig bleibt, ist die von der Person in den Sinn genommene und zu nennende Zahl.

Z. B. die in den Sinn genommene Zahl sei

```
         7
mit      2 multiplicirt
        ──
        14
         5 addirt
        ──
        19
mit      5 multiplicirt
        ──
        95
         3 addirt
        ──
        98
mit     10 multiplicirt
       ───
       980
         3 addirt
       ───
       983
       150 abgezogen
       ───
```

833, von diesen Rest die 2 Dreien abgeschnitten und 1 von 8 abgezogen, so bleibt die in den Sinn genommene Zahl 7 übrig.

127. Antwort: Zieht man von der genannten Summe insgeheim, wenn dieselbe mehr als 105 beträgt, 105 davon ab, da dann der Rest die gewählte Zahl ist; beträgt aber die Summe, welche man sich nennen läßt, mehr als 210, so ziehe man 210 davon ab; ist die Summe aber kleiner als 105, so ist diese, ohne daß man etwas davon abzuziehen braucht, die gewählte Zahl; geht aber die 3, 5 und 7 etwa in der gewählten Zahl auf, so ist dieselbe 105. Z. B., die gewählte Zahl wäre 43:

```
1)  3|43|14.      2) 5|43|8.      3) 7|43|6.
      3               40               42
    ─────           ─────            ─────
     13               3 Rest.          1 Rest.
    ─────
      1 Rest
```

Den ersten Rest 1 mit 70 multiplicirt =	70	
Den zweiten Rest 3 mit 21 multiplicirt =	63	
Den dritten Rest 1 mit 15 multiplicirt =	15	
Die drei Producte zusammenaddirt	148	
hiervon insgeheim	105	abgezogen
bleibt	43	

als gewählte Zahl.

128. Antwort: Hat Jemand eine Zahl in Sinn genommen, so läßt man sich die Querreihe des Quadrats der Aufgabe nennen, in welcher sie sich befindet. Nun nimmt man die Karten der Länge herunter zusammen, aber immer so, daß die Zahlen oben sind, wie folgt: erst die 20, auf diese legt man die 72, auf diese die 12, 15 und 44, alsdann wieder die 24, 16, 41, 30 und 51 etc. Hierauf legt man sie wieder, ohne sie in Unordnung zu bringen, wie folgendes Quadrat zeigt, aus: zuerst die fünf obersten in eine Reihe nebeneinander, unter diese die fünf folgenden, bis die fünf Reihen vollendet sind; nun fragt man die Person wieder, in welcher Reihe jetzt die gewählte Zahl liege; ist dieses angegeben worden, so muß nun die gewählte Zahl diejenige in der zuletzt genannten Reihe sein, welche, ihrer Reihenfolge nach, mit der Zahl der zuerst genannten Reihe übereinstimmt; ist z. B. die Zahl 88 gewählt worden, welche auf dem Quadrat der Aufgabe in der zweiten Reihe steht, so muß sie auf folgendem

20	72	12	15	44
24	16	41	30	51
14	84	93	80	42
10	88	64	54	78
32	50	18	61	28

Quadrat in der vierten Reihe (welche man sich hat sagen lassen) die zweite Zahl sein; ist 80 gewählt (Quadrat der Aufgabe vierte Reihe), so ist es auf folgendem Quadrat in der dritten Reihe die vierte Zahl etc.

129. Antwort: Durch diese Rechnungsweise bleibt jedesmal die Hälfte von der geraden Zahl, welche man dazuaddiren ließ, übrig; z. B. die gedachte Zahl sei

	7
mit	2 multiplicirt
	14
eine gerade Zahl, z. B.	18 dazu addirt,
diese	32 halbirt
	16
die gedachte Zahl	7 abgezogen
	9

Diese Zahl ist die Hälfte von der geraden Zahl 18. Man spricht also: 9 bleibt übrig. Addirt man eine andere gerade Zahl dazu, so wird doch jedesmal die Hälfte derselben übrig bleiben und man folglich gleichwohl im Stande sein, die übriggebliebene Zahl zu nennen.

130. Antwort: Hat die Person eine Zahl vor sich hingeschrieben, so denke man sich selbst die Ziffer 1. Was man nunmehr der Person mit ihrer gewählten Zahl thun läßt, dasselbe thut man auch mit seiner eigenen Zahl, so wird am Ende das Product beider Rechnungen völlig gleich sein und genannt werden können, wenn auch die beiden gewählten Zahlen ganz verschieden waren. Läßt man z. B. zuerst die gewählte Zahl mit 2 und dann mit 4 multipliciren, die Summe durch 2 dividiren, den Quotienten dann wieder mit 8 multipliciren, diese Summe wieder halbiren und endlich wieder diese Summe mit der ersten erwählten Zahl dividiren, so wird der Quotient beider Rechnungen gleich sein; als: es hätte sich die Person die Zahl 20 gewählt:

gewählte Zahl	20	selbst gedacht	1
multiplicirt mit	2	multiplicirt mit	2
	40		2
wieder multiplicirt mit	4	wieder multiplicirt mit	4
	160		8
dividirt mit	2	dividirt mit	2
	80		4
multiplicirt mit	8	multiplicirt mit	8
	640		32
halbirt	320		16
mit der gewählten Zahl 20 dividirt, so erhält man zum Quotient 16.		mit der gewählten (gedachten) Zahl 1 dividirt, so erhält man zum Quotient, 16.	

So wird man der Person allemal das letzte Product genau nennen können, wenn man auch andere Zahlen bei der Rechnung braucht. Man kann auf diese Art auch der Person ihre gewählte Zahl nennen: wenn man sich das letzte Product ihrer gewählten Zahl nennen läßt, ehe sie dasselbe mit der gewählten Zahl dividiren mußte, und dividirt dann diese Summe mit dem letzten Producte seiner Rechnung, wie z. B. in obiger Rechnung mit 16 insgeheim, so erhält man die gewählte Zahl. – Man kann ebenfalls die gewählte Zahl der Person erhalten, wenn man sie zu dem letzten Producte ihrer gewählten Zahl addiren und sich die Summe nennen läßt, von welcher man alsdann nur das letzte Product seiner Rechnung, wie hier 16, insgeheim abziehen darf, um die gewählte Zahl zu erhalten.

131. Antwort: Hat eine Person einen Punct bei einer Zahl gemacht, so addire man schnell in Gedanken zu der mit dem Punct bezeichneten Zahl noch 9; läßt hierauf eine andere Person eine beliebige Zahl wählen und mit der Zahl, so viel sie bedeutet, bei der Zahl, wobei der Punct ist, im Stillen anfangen und rückwärts fortzählen bis – hier wird die Zahl genannt, die vorhin, indem man 9 zu der mit dem Puncte bezeichneten Zahl addirte, gefunden wurde; – die treffende Zahl läßt man sich nennen. Zählt man nun von der genannten Zahl rückwärts selbst noch drei Zahlen im Stillen weiter, so trifft man gerade auf die von der Person gewählte Zahl und kann sie als solche angeben; z. B.: Eine Person habe bei der 7 einen Punct gemacht, und eine zweite Person wähle sich eine beliebige Zahl. Man addire also zu 7 noch 9 = 16, und lasse die zweite Person mit der Zahl, soviel ihre gewählte Zahl bedeutet, bei 7 anfangend (der Zahl, wobei der Punct steht), rückwärts fortzählen bis 16; die Zahl, worauf 16 fällt, muß die Person angeben. Hätte die zweite Person die 3 gewählt, so zählt sie bei 7; drei, bei 6; vier, bei 5; fünf, bei 4; sechs u. s. w. und, wenn sie 16 zählt, kömmt sie auf sechs. Hat hierauf die Person diese Zahl angegeben, so zählt man schnell noch drei Zahlen weiter fort, wo man auf 3 treffen wird und sie als gewählte Zahl angiebt:

Anmerkung: Den Zuschauern wird es um so auffallender vorkommen, da bei jeder Wiederholung dieser Belustigung immer eine andere Zahl, welche die zweite Person angeben soll, angegeben wird, weil natürlich jeder, der den Punct zu machen aufgefordert ist, denselben bei einer andern Zahl, als sein Vorgänger, machen wird.

132. Antwort: Man lasse die zwei in Gedanken genommenen Zahlen zusammen multipliciren, dann nochmals die größere durch die Differenz der beiden Zahlen und hierauf beide Producte zusammenaddiren. Das Herauskommende läßt man sich nennen, und zieht man hieraus die Quadratwurzel, so wird dieselbe die größere von der gedachten Zahl sein. Die kleinere wird gefunden, wenn man dieselbe durch die Differenz der beiden in den Sinn habenden Zahlen multipliciren, dieses Product von dem Producte der beiden Zahlen abziehen, sich diesen Rest nennen läßt, und aus demselben die Quadratwurzel zieht; dies wird die kleinere Zahl sein.

Z. B. Eine Person habe die Zahlen 7 und 11 gedacht, zusammen

multiplicirt	=	77
Die Differenz 4 mit 11 multiplic.	=	44
beides addirt		121

Hiervon ist die Quadratwurzel 11 die größere Zahl.
Die kleinere Zahl wird gefunden:

Product der Zahlen 7 und 11 multiplicirt	=	77
Die Differenz 4 mit 7 multiplicirt	=	28
letzteres von ersterern abgezogen, bleibt		49.

Hieraus ist die Quadratwurzel 7 die kleinere Zahl.

133. Antwort: Man lasse die 5 Zahlen zusammenaddiren, die Summe mit 8 multipliciren, das dadurch erhaltene Product durch 2 dividiren und den Quotienten wieder mit 5 multipliciren; das hiervon kommende Product läßt man sich nennen und schneidet davon die zwei letzten Nullen rechts ab. Was übrig bleibt, ist die dritte der gewählten Zahlen. Die zwei vorhergehenden und die zwei darauf folgenden Zahlen denkt man sich hierzu und kann nun dieselben als die gewählten Zahlen angeben.

Z. B. Es wären die Zahlen gewählt worden:

7 8 9 10 11

welche zusammen betragen:		45
multiplicirt mit		8
dividirt durch	2 |	360

```
                 180
multiplicirt mit   5
                 ---
                 900;
```

dies Product wird genannt, die zwei Nullen abgeschnitten und zu der bleibenden 9 – 7 und 8, und 10 und 11 gedacht, so kann man nun leicht 7, 8, 9, 10 u. 11 als die gewählten Zahlen angeben.

134. Antwort: Den gesagten Quotienten dividire man in Gedanken mit 10, oder denke sich die Null zur Rechten davon weg; das Uebrigbleibende giebt die Summe des Geldes im Beutel.

```
Z. B.: Die Person hätte       7 Thaler im Beutel,
                     mit     50 multiplicirt
                            ---
                            350
                             72 dazu addirt
                            ---
                            422
                            111 abgezogen
                            ---
                            311
                             39 dazu addirt
                            ---
          dividirt mit 5 | 350 | 70; von diesem Quotienten
                           35       die 0 weggedacht, so ist
                         -------
                              0     die 7 die Anzahl
                              0     der Thaler im Beutel.
                         -------
```

135. Antwort: Man lasse die Person die Zahl ihres Geldes in Gedanken nehmen, selbst aber denke man sich die Zahl 1: dann läßt man die Person ihr Geld mit selbst beliebigen Zahlen multipliciren, auch mitunter durch 2 dividiren, soviel mal sie will; womit sie aber multiplicirt und wenn sie dividirt, muß sie angeben. Was nun die Person mit ihrer Zahl thut, dasselbe thut man auch mit seiner eigenen Zahl; wenn man alsdann, am

Ende der Rechnung, das letzte Product ihrer Rechnung sich nennen läßt und dasselbe mit dem Product seiner Rechnung in'sgeheim dividirt, so giebt der Quotient die Summe des Geldes im Beutel.

Die Person gebe z. B. an: sie wolle die Zahl, wieviel ihr Geld betrage, mit 2 und dann mit 6 multipliciren, diese Summe durch 2 dividiren, den dadurch erhaltenen Quotienten wieder mit 3 multipliciren und diese Summe nochmals durch 2 dividiren und sage nun: das Product von ihrer Rechnung sei 63. Dividirt man diese 63 mit dem letzten Producte seiner Rechnung, so erhält man die Zahl, welche man sucht: z. B.: die Person hätte, wie in der vorigen Belustigung, im Beutel

	7 Thlr. –	selbstgedachte Zahl	1
multiplicirt mit	2	multiplicirt mit	2
	14		2
wieder multiplic. mit	6	wieder multiplic. mit	6
dividirt mit	2∣84	dividirt mit	2∣12
	42		6
multiplicirt mit	3	multiplicirt mit	3
dividirt mit	2∣126	dividirt mit	2∣18
diese	63;		9

Zahl hat die Person genannt; mit jener 9, als letztes Product seiner Rechnung, in die genannte 63 in'sgeheim dividirt, bekommt man 7 zum Quotienten und kann nun angeben, daß die Person 7 Thlr. im Beutel habe.

136. Antwort: Hat die Person, wie angegeben, in die obere Reihe einen Rechnenpfennig mehr gelegt als in die untern und davon so weggenommen, so wird im Ganzen einer weniger zurückbleiben, als man die Person zuerst von der obern Reihe wegnehmen ließ. Z. B.: es hätte eine Person in'sgeheim in die obere Reihe 10 und in die untere 9 Rechnenpfennige gelegt.

Läßt man nun oben 5 Stück wegnehmen, so bleiben 5 liegen; aus der untern Reihe läßt man soviel wegnehmen, als oben noch liegen (also 5), so werden, nachdem die übrigen Rechnenpfennige der obern Reihe weggenommen sind, nur noch 4 Stück in der untern Reihe liegen bleiben, nämlich eins weniger, als man zuerst wegnehmen ließ, und diese Stückzahl kann man nun angeben.

137. Antwort: Man zieht im Stillen von der genannten Summe 25 ab, so zeigen die zwei übrigen Ziffern die Augen der beiden Würfel. Z. B. die Augen des einen Würfels wären 2 und die des andern 5.

Die Augen des einen Würfels	2	
mit	2	multiplicirt
	4	
	5	dazuaddirt
	9	
mit	5	multiplicirt
	45	
die Augen des andern Würfels	5	dazuaddirt
	50	; diese Summe läßt
man sich nennen und zieht	25	im Stillen davon ab,
	25	so zeigt sich, daß der eine

Würfel 2, der andere 5 und beide zusammen 7 zählen.

138. Antwort: Von der genannten Summe zieht man 250 ab, so zeigt die Zahl, welche übrig bleibt, die Augen der drei Würfel. Z. B.: nach geschehenem Werfen ständen die drei Würfel in folgender Ordnung:

2, 4, 6.	Erster Würfel	2	
	mit	2	multiplicirt
		4	
		5	dazuaddirt

		9	
	mit	5	multiplicirt
		45	
	die Augen des zweiten Würfels	4	dazuaddirt
		49	
	mit	10	multiplicirt
		490	
	die Augen des dritten Würfels	6	dazuaddirt
		496	; die Summe läßt man sich
	nennen und zieht	250	im Stillen davon ab.
		246	Diese Zahl zeigt die Augen

der Würfel und die Ordnung, in welcher die Würfel stehen.

139. Antwort: Man addire die obern Augen der daliegenden drei Würfel zu 14 und die dadurch erhaltene Summe ist die von der Person zusammengezählte und gemerkte Augensumme. Z. B.: die drei Würfel zählten 12 Augen, so sagt man zu der Person: die zusammengezählten Augen müssen 26 betragen, denn 12 und 14 ist 26 etc.

Man kann auch diese Belustigung verändern, indem man, anstatt die untern Augen von zwei Würfeln zu dem ganzen Wurf addiren zu lassen, nur die untern Augen von einem Würfel dazu addiren, dann denselben nochmals zu den zwei noch daliegenden Würfeln werfen und die Augen davon ebenfalls noch dazu addiren läßt, wo nun die ganzen zusammengezählten Augen 7 mehr betragen, als die drei daliegenden Würfel zeigen.

Auch kann man von allen drei Würfeln die untern Augen zu den schon zusammengezählten obern der drei Würfel addiren, dann die Würfel noch einmal hinwerfen und diesen Wurf auch noch dazuaddiren lassen. Wenn man in diesem Falle hinzutritt und die Augen der drei daliegenden Würfel zusammenzählt und noch 21 dazuaddirt, so bekömmt man die Zahl sämmtlicher zusammengezählten Augen.

140. Antwort: Hat man vorher bemerkt, daß die rechte Hand 1, die linke aber 2 gelten, und der Daumen an jeder Hand für den ersten Finger gerechnet werden solle, so läßt man Jemand den Platz der Person in der Gesellschaft, welche den Ring hat, mit 2 multipliciren, dazu 5 addiren, diese Summe wieder mit 5 multipliciren und dazu die Ziffern der Hand addiren. Diese Summe läßt man nun mit 10 multipliciren, dann die Ziffer des Fingers, an welchem der Ring steckt, dazuaddiren und diese Summe mit 5, und hierauf nochmals mit 2 multipliciren. Endlich läßt man auch noch die Ziffer des Gelenks, an welchen sich der Ring befindet, dazuaddiren und 2500 davon abziehen. Wenn man nun die Rechnung, bis auf das zuletzt Uebriggebliebene, wegwischen läßt und hinzutritt, so werden die noch dastehenden Ziffern Alles verrathen. Z. B.: es hätte die vierte Person in der Gesellschaft den Ring zu sich genommen und ihn an das zweite Gelenk des mittelsten Fingers an der rechten Hand gesteckt.

Die Zahl der Personen in der Gesellschaft	4	
mit	2	multiplicirt
	8	
	5	dazuaddirt
	13	
mit	5	multiplicirt
	65	
die Ziffer der Hand	1	dazuaddirt
	66	
mit	10	multiplicirt
	660	
die Ziffer des Fingers	3	dazuaddirt
	663	
mit	5	multiplicirt
	3315	
mit	2	multiplicirt

6630
die Ziffer des Gelenks 2 dazuaddirt
6632
2500 abgezogen
4132

So zeigt in diesem Rest die erste Ziffer an, daß die vierte Person den Ring habe; die zweite Ziffer nennt die erste oder rechte Hand; die dritte Ziffer nennt den dritten Finger und die vierte Ziffer giebt an, daß der Ring an dem zweiten Gelenk stecke.

141. Antwort: Man zähle im Stillen die erhaltenen übriggebliebenen Karten und addire zu der dadurch erhaltenen Zahl noch 16; diese Summe ist die Augenzahl der drei untersten Karten. Sind z. B. die drei untersten Karten der drei Häufchen ein Ober, eine Achte und ein Daus, deren Augen

3 8 und 11

betragen, so sind zur Ergänzung der Häufchen, weil das erste Blatt für die darauf befindlichen Augen gezählt wird,

13 8 und 5

Blätter, also im Ganzen 26 Blätter, erforderlich; von den 32 Karten sind also 6 übrig; diese zu 16 addirt, giebt 22, als die Summe der Augen der drei untern Karten. Bleibt kein Blatt übrig, so zählen die drei untersten Karten gerade 16: fehlen aber noch Karten zur vollständigen Ergänzung der drei Häufchen, so läßt man sich die Anzahl derselben angeben; diese Zahl zieht man von 16 ab; der dadurch erhaltene Rest ist der Anzahl der Augen gleich, welche die untersten Karten enthalten.

142. Antwort: Man lasse die Person von einem Spiel Karten von Oben herab eine beliebige Anzahl Blätter abzählen, das letzte dieser abgezählten Blätter sich genau in Sinn nehmen, hierauf die Blätter in derselben Ordnung, in welcher sie abgezählt wurden, wieder auf das Spiel legen und sich dasselbe einhändigen. Man lege nun das ganze Spiel verdeckt in die linke Hand und zähle ebenfalls eine beliebige Anzahl Karten, welche man für eine größere halten kann, als die Anzahl der von jener Person zuvor abgezählten Karten betragen möchte, unbemerkt ab, und zwar so, daß es scheint, als würden die Karten gemischt. Bei diesem Abzählen fange man nicht mit 1, sondern mit 2 an zu zählen und beobachte auch, daß man ein Blatt über das andere lege; nämlich das erste Blatt, bei dem man mit 2 anfängt zu zählen, legt man zuerst, dann das folgende zweite Blatt darüber und spricht 3; über dieses das dritte und spricht 4; über dieses das vierte und spricht 5 und so fort bis zu der Zahl, soviel man Willens ist, Blätter abzuzählen. Diese abgezählten und übereinander gelegten Blätter lege man nun wieder so oben auf das Spiel, daß das zuletzt abgezählte Blatt das oberste ist. Nun überreiche man der Person das Spiel wieder und sage: sie solle von oben herab, von der Zahl an, als sie zuerst Blätter abzählte, bis zu der Zahl (man nennt die Zahl, soviel man selbst Blätter abzählte) zählen; diese Zahl würde auf die in Sinn genommene Karte treffen. Um es deutlicher zu machen, nehme man an, es zählte eine Person fünf Karten von oben herab, nehme die fünfte Karte in Sinn, welche der grüne Ober ist und lege die abgezählten Karten in der vorigen Ordnung wieder auf das Spiel. Hat man alsdann das Spiel erhalten, so zählt man von oben bis zu der Zahl 20 (oder sonst einer beliebigen Zahl) Blätter ab, indem man anfängt:

2, 3, 4, 5, 6, 7 u.s.f. bis 20, dabei 2 unten, 3 drüber, 4 über 3, 5 über 4, 6 über 5 u.s.f. bis 20 legt.

Diese abgezählten Blätter legt man wieder auf das Spiel, überreicht es der Person und läßt von ihrer Zahl an bis auf 20 zählen, also von 5 an; sie zählt:

6, 7, 8, 9, 10, 11, 12, 13, 14, 15, 16, 17, 18, 19, 20, so muß das 20te Blatt der vorhin in Sinn genommene grüne Ober sein.

143. Antwort: Hat die Person von den 16 Buchstaben einen gewählt, so lasse man sie von **a** an nach **b** zu zählen, der wievielste er in der Reihe ist, und nun mit dieser Zahl von **c** rechts nach **q** zu bis auf 19, der gewählte Buchstabe wird auf diese Weise stets der 19 sein. Hat sich z. B. die Person den Buchstaben **m** gewählt, welcher von **a** an links herum der 12te Buchstabe ist, so läßt man sie mit dieser 12 von **c** an rechts herum bis 19 zählen und sagt, daß sie mit 19 gerade auf den gewählten Buchstaben treffen würde. – Man kann auch mit dieser Belustigung, damit nicht allemal der gewählte Buchstabe der 19te sei, Veränderungen machen. Man läßt nämlich, wie schon gesagt worden ist, von dem **a** an links herum nach **b** zu bis auf den gewählten Buchstaben zählen, der wievielste Buchstabe es ist. Diese Zahl läßt man die Person einem von den 6 Buchstaben von **c** rechts herum bis **o** geben und von diesem genannten Buchstaben an mit dieser Zahl rechts herum nach **n** zu zählen; der gewählte Buchstabe wird der 14te sein, wenn man mit der Zahl, welche der Buchstabe in der Reihe einnimmt, bei **o** zu zählen anfängt, denn **o** ist, von **a** nach **b** zu gezählt, der 14te Buchstabe. So verhält es sich auch mit den übrigen Buchstaben, und man kann auf die angegebene Weise Mannichfaltigkeiten in das Spiel bringen.

144. Antwort: Man lasse die in der rechten Hand befindliche Anzahl Rechnenpfennige durch eine ungerade Zahl, als 3, 5, 7, 9, 11 etc., die Anzahl Rechnenpfennige in der linken Hand aber durch eine gerade Zahl, als: 2, 4, 6, 8, 10 etc. multipliciren, hierauf die Summe beider Producte zusammenaddiren und die Summe sich nennen. Ist nun die Summe der beiden zusammenaddirten Producte eine gerade Zahl, so daß sie sich ohne Rest in zwei gleiche Hälften theilen läßt, so ergiebt sich hieraus, daß die Person die gerade Anzahl Rechnenpfennige in der rechten Hand habe. Ist die Summe der beiden addirten Producte aber ungerade, so ist die gerade Anzahl Rechnenpfennige in der linken, die ungerade aber in der rechten Hand verborgen.

Die Sache wird noch räthselhafter erscheinen, wenn man nicht, wie oben angegeben ist, fragt, ob die Summe der beiden Producte gleich oder ungleich sei, sondern diese Summe mit zwei dividiren läßt und unbefangen die Frage hinwirft, ob es vielleicht einen Bruch gebe. Ist dies der Fall, so ist die Zahl ungleich und man weiß nun, was man zu wissen wünschte; läßt man dann noch 1 dazufügen, angeblich, um die Division zu erleichtern, so merkt der Andere um so weniger, warum man jene Frage gestellt hat.

145. Antwort: Man lasse die zweite Person ihre gedachte Zahl mit 3 multipliciren, dann den dreifachen Betrag von der von jener Person angegebenen Zahl dazuaddiren, die Summe aber durch 3 dividiren und von dem Quotienten die gedachte Zahl abziehen, so wird, wenn bei'm Rechnen nicht gefehlt worden ist, die von der ersten Person angegebene Zahl übrig bleiben. Z. B.: eine Person gäbe heimlich 7 an, eine zweite Person dächte sich 5
mit 3 multiplicirt
15
dazu 21 als 3facher Betrag der angegebenen Zahl
dividirt mit 3 36
12
die gedachte Zahl 5 abgezogen
7

Sowohl diese 7, als die von jener Person angegebene 7 werden der dritten Person in'sgeheim gesagt, so daß folglich zwei gleichlautende Zahlen angegeben werden.

146. Antwort: Wird zum Exempel verlangt, daß man vier Personen die Jahreszahl 1844 in die Sinne bringen soll, so läßt man jede von den dazu erwählten Personen eine selbstbeliebige Zahl heimlich sich denken und die erste Person ihre gedachte Zahl mit 2, die zweite ihre mit 3, die dritte ihre mit 4 und die vierte ihre mit 5 multipliciren. Nun läßt man die erste Person, die die Ziffer 1 in Sinn bekommen soll, das Doppelte, also 2, die zweite, die 8 bekommen soll, das Dreifache, also 24; die dritte, die 4 bekommen soll, das Vierfache, mithin 16 und die vierte, die 4 bekommen soll, das Fünffache, also 20 – weil mit 2, 3, 4 und 5 multiplicirt worden ist und auch mit diesen Ziffern wieder dividirt wird – dazuaddiren; hierauf diese Summen die erste Person mit 2, die zweite mit 3, die dritte mit 4, die vierte mit 5 dividiren, und hiervon muß nun jede Person ihre gedachte Zahl abziehen.

Läßt man dann die erste Person ihren jetzt in Sinn habenden Rest auf den Tisch schreiben und die zweite, dritte und vierte ihren rechts daneben, so muß, wenn nicht in der Rechnung gefehlt worden ist, die Jahreszahl 1844 erscheinen.

Z. B. Die gedachte Zahl

	der ersten,	der zweiten,	der dritten,	der vierten
Person sei:	2	5	8	11
multiplicirt mit	2	3	4	5
	4	15	32	55
dazuaddirt	2	24	16	20
	6	39	48	75
dividirt mit	2 —	3 —	4 —	5 —
	3	13	12	15
die gedachte Z. abgezogen	2	5	8	11
	1	8	4	4

Man sieht, daß, wenn diese vier übriggebliebenen Zahlen zusammengestellt werden, die verlangte Zahl 1844 entsteht.

Diese Unterhaltung kann man dadurch noch wunderbarer machen, wenn man die Rechnung noch mehr ausdehnt. Läßt man

z. B., nachdem man hat dividiren lassen, die erste Person 1, die zweite 2, die dritte 3, und die vierte 4 dazuaddiren, und dann erst die gedachten Zahlen abziehen, so würde die erste Person 2, die zweite 10, die dritte 7 und die vierte 8 in Sinn haben, zu deren Kenntniß man durch diese Rechnungsart gekommen ist. Nun kann man, um der ersten Person die Zahl 1 in Sinn zu bringen, ihre im Sinne habende 2 mit 3 multipliciren und 5 davon abziehen lassen; die zweite Person, welche 8 in Sinn bekommen soll, kann man ihre in Sinn habende 10 durch 2 dividiren und 3 dazuaddiren lassen; die dritte Person, welche 4 in Sinn haben muß, lasse man ihre in Sinne habende 7 mit 3 multipliciren und 17 davon abziehen und endlich die vierte Person, welche 4 in Sinn bekommen soll, kann man von der in Sinn habenden 8 4 abziehen lassen, wodurch man ebenfalls seinen Zweck erreicht, und so lassen sich jede andere Zahlen in die Sinne bringen, wenn man die Rechnung darnach einrichtet.

147. Antwort: Die gegebene Jahreszahl, von welcher der Ostertag verlangt wird, dividire man erst durch 19, 4 und 7 nach einander und bemerke bloß die dadurch erhaltenen Reste mit **a b** und **c**.

Die Quotienten läßt man weg.

Nun multiplicire man den ersten Rest mit 19 und addire noch 23 dazu, die Summe dividire man mit 30 und bemerke den Rest mit **d**. Endlich multiplicire man den zweiten Rest **b** mit 2, den dritten Rest **c** mit 4 und den vierten Rest **d** mit 6; zu den dadurch erhaltenen Producten addire man noch die Zahl 4 oder 3 (je nachdem das gegebene Jahr entweder in das jetzige oder verflossene Jahrhundert fällt), dividire diese Summe durch 7 und nenne den Rest **e**; die Summe der beiden zuletzt gefundenen Reste **d** und **e** mit der Zahl 22 giebt, vom ersten März an gezählt, den gesuchten Ostertag. Z. B.: man verlangte den Ostertag im Jahr 1844 zu wissen:

19 | 1844 | 97	4 | 1844 | 461	7 | 1844 | 263
171	16	14
-134	-24	-44
133	24	42
-1 Rest (a)	- 4	-24
	4	21
	0 Rest (b)	-3 Rest (c)

Den Rest (a), hier 1,
mit 19 multiplicirt
19
hierzu 23 addirt
30 | 42 | 1
30
12 Rest (d)

Den zweiten Rest b mit 2 multiplicirt giebt 0
Den dritten Rest c mit 4 multiplicirt giebt 12
Den vierten Rest d mit 6 multiplicirt giebt 72

Hierzu die Zahl 4
7 | 88 | 12
7
18
14
-4 Rest (e)

Wenn man nun die Reste d und e, hier 12 und 4, und die Zahl 22 dazuaddirt, so giebt die Summe, vom ersten März an gezählt, den Ostertag.

Ostern fällt also den 38. März, oder, eigentlich zu sagen, den 7ten April.

148. Antwort: Man übersehe in der von der Person hingeschriebenen Ziffernreihe, mit welchem Divisor sich dieselbe ohne Rest nach folgenden Regeln theilen läßt. Durch 2 läßt sich jede gewählte Zahl theilen, wenn die letzte Ziffer eine gerade ist; z. B., in 56474 geht 2 auf. Hat die Person 56472 gewählt, so geben diese 5 Ziffern, als Einer betrachtet und zusammen addirt, 24, welche Summe ein Product von 3 ausmacht; daher läßt sich die gewählte Zahl durch 3 dividiren. Ebenso kann jede gewählte Zahl durch 4 dividirt werden, wenn die zwei letzten Zahlen Nullen sind oder wenn deren zwei letzten Theile sich durch 4 dividiren lassen; überhaupt in allen Producten von Hundert geht 4 auf; z. B. die gewählte Zahl sei 35200 oder 36728 oder 3000, so läßt sich jede dieser Zahlen durch 4 theilen. Ferner lassen sich durch 5 alle Zahlen theilen, welche sich auf 5 oder 0 endigen. Die gewählte Zahl wird sich durch 6 theilen lassen, wenn sie ein Product von 3 ausmacht und die letzte Ziffer eine gerade ist. Wenn z. B. die gewählten Ziffern 7842 wären, welche zusammenaddirt 21 betragen, mithin ein Product von 3 ausmachen, so läßt sie sich durch 6 theilen. So läßt sich durch 8 eine gewählte Zahl theilen, wenn die drei letzten Theile durch 8 dividirt werden können; denn in 1000, folglich auch in allen Producten von 1000 geht 8 auf. Durch 9 wird sich auch eine gewählte Zahl theilen lassen, wenn deren Ziffern, als Einer betrachtet, zusammen 9 oder ein Product von 9 ausmachen; z. B., die gewählten Ziffern wären 2673; diese zusammen addirt geben 18, welche Summe sich durch 9 theilen läßt. Durch 10 lassen sich alle Zahlen theilen, die sich auf 0 endigen, weil alle Producte von 10 eine 0 bekommen. Um zu unterscheiden, ob sich eine Zahl mit 11 theilen lasse oder nicht, muß man zuerst untersuchen, mit wieviel Ziffern sie geschrieben wird. Wird sie mit 2 Ziffern geschrieben, so läßt sie sich durch 11 theilen, wenn beide einander gleich sind, z. B. 55, 66, 88 etc.; wird sie mit 3 Ziffern geschrieben, so muß die mittlere so groß sein, als die beiden äußern z. B., 495, oder die mittlere um 11 kleiner als die beiden äußern: 847; wird sie mit 4 Ziffern geschrieben, so muß die Summe der ersten und dritten so groß sein, als die zweite und vierte, oder die erste und dritte 11 weniger oder mehr als die zweite und vierte; wird sie mit 5

Ziffern geschrieben, so muß die erste, dritte und fünfte soviel betragen, als die zweite und vierte oder auch 11 weniger oder mehr; z. B., die gewählten Zahlen wären 2453, 1958, 7381 oder 39237, welche sich durch 11 theilen lassen.

Obgleich man auf diese Weise zu einer gewählten Ziffernreihe eine Zahl leicht finden wird, womit man dieselbe theilen lassen kann, so kann es doch sich ereignen, daß eine Ziffernreihe gewählt würde, die sich durch keine dieser Zahlen ohne Rest theilen läßt; eine solche Zahl ist z. B. 43957. Man wird sich aus Obigem dadurch sehr leicht helfen können, daß man zu diesen Ziffern, um ein Product von 3 zu erhalten, noch eine 2 dazu schreiben läßt und es frei stellt, diese 2 irgendwohin einzutragen, worauf sich die Reihe Ziffern mit 3 theilen lassen wird.

Auf diese Art wird man auch schon im Voraus die Zahl zum Theil bestimmen können, durch welche sich eine noch zu wählende Zahl ohne Rest werde theilen lassen, wenn man vorher bestimmt, auf welche Art eine zu wählende Zahl geschrieben werden soll.

149. Antwort: Man schreibt eine Reihe Ziffern, welche, als Einer betrachtet und zusammenaddirt, ein Product von 9 ausmachen. Z. B., 24759 zusammenaddirt geben 27, ein Product von 9. Oder man schreibt die Zahlen so, daß jedesmal die zwei nebeneinanderstehenden zusammenaddirt, 9 betragen müssen, wodurch man des Zusammenaddirens der ganzen Reihe überhoben ist. Z. B. 725418; 7 und 2 = 9, 5 und 4 = 9 und 8 und 1 = 9. Nun fordere man eine Person auf, diese Reihe Ziffern durch eine beliebige Zahl zu multipliciren und sage ihr zugleich, daß sich die herausgebrachte Summe durch 3 werde theilen lassen. Um es noch auffallender zu machen, lasse man eine zweite Person dieselbe Ziffernreihe durch eine andere beliebige Zahl multipliciren und die dadurch erhaltene Summe wird sich ebenfalls durch 9 theilen lassen. Z. B. die eine Person hätte 17 und die andere 8 als Multiplicator gewählt:

```
  725418
      17
  -------
 5077926
 725418
 --------
3 | 12332106 | 4110702
    12
    --
     3
     3
     --
      3
      3
      --
       2
       0
       --
       21
       21
       --
        06
```

```
  725418
       8
  -------
9 | 5803344 | 644816
    54
    --
    -40
     36
     --
    -43
     36
     --
     -73
      72
      --
       14
        9
       --
       54
       54
       --
        -
```

Will man diese Belustigung mehrmals machen, so schreibe man wieder eine Reihe Ziffern mit obiger Berücksichtigung hin, füge noch besonders zwei Nullen zur Rechten hinzu und lasse diese Reihe Ziffern von zwei Personen, von jeder für sich, durch beliebige Zahlen multipliciren und sage ihnen, daß sich die herausgebrachte Summe der einen Person durch 2 und die Summe der zweiten Person durch 4 werde theilen lassen. Z. B.

```
   813600  erste Person
       12  beliebige Zahl
  -------
  1627200
  813600
  -------
2 | 9763200 | 4881600
    8
    -
    17
    16
    --
    -16
     16
     --
```

```
  813600  zweite Person
       7  beliebige Zahl
  -------
4 | 5695200 | 1423800
    4
    -
    16
    16
    --
     -9
      8
      --
      15
      12
      --
```

-3	-32
2	32
12	-0
12	0
0	0
0	0
0	-
0	
-	

Ebenso läßt sich im Voraus bestimmen, daß sich die Summen durch 5 und 10 theilen lassen, wenn man an die Ziffernreihe, wie oben, 2 Nullen oder auch nur eine anhängt; soll sie sich durch 6 theilen lassen, so muß die letzte Ziffer der Ziffernreihe eine gerade sein, und soll es durch 8 geschehen, so hängt man an die Ziffernreihe 3 Nullen an und läßt dann mit beliebigen Zahlen multipliciren.

150. Antwort: Die sieben Gewichte müssen eine geometrische Progression bilden; nämlich das eine Gewicht muß 1 Pfund, das andere 2 Pfund, das dritte 4 Pfund, das vierte 8 Pfund, das fünfte 16 Pfund, das sechste 32 Pfund und das siebente 64 Pfund schwer sein; denn will man z. B. 1 Pfund wägen, so nimmt man dazu das 1 Pfundgewicht; will man 3 Pfund wägen, so nimmt man das 1 und 2 Pfundgewicht; will man 26 Pfund wägen, so legt man das 16, 8 und 2 Pfundgewicht in die Wagschale u. s. w. So kann man alle Pfunde bis auf 127 abwägen.

151. Antwort: Es ist sehr vorteilhaft, wenn man dem Weber die Länge des Garns gleichsam vormessen kann, woraus er das Leinen nach einer gewissen Länge anfertigen soll. Zuerst muß man wissen, wie viel Ellen der Faden eines Stranges lang ist; z. B.: der Strang sei vom Gebinde bis wieder zum Gebinde genau $2\frac{1}{2}$ Ellen lang, habe 20 Gebinde und jedes Gebinde 40 Fäden, so findet man leicht, daß der Faden jedes Stranges eine Länge von 2000 Ellen hat. Ferner muß man wissen, daß der Kamm eines Webestuhls in Gänge eingetheilt ist und jeder Gang genau 40 Faden enthält und daß zu feinen Leinen mehr, zu groben Leinen aber weniger Gänge erforderlich sind. Hat man nun durch Nachfrage vom Weber erfahren, wie viel Gänge das vorgezeigte Garn erfordert, so multiplicire man diese mit 40, das Product giebt die erforderlichen Fäden zum Aufzuge an; giebt z. B. der Weber 50 Gänge an, so giebt 40 mit 50 multiplicirt, eine Länge von 2000 Ellen. Soll der Weber etwa 60 Ellen machen, so geben 60 mal 2000 Ellen einen Faden von 120000 Ellen. Diese Ellenzahl dividire man nun mit der Ellenzahl eines Stranges, nämlich mit 2000, so bekömmt man 60 Stränge oder – da ein Stück sechs Stränge hat – 10 Stück, und diese Stückzahl ist zum Aufzuge erforderlich.

Da aber in einen gut gearbeiteten Leinen die Fäden völlig im Quadrate egal sein müssen, so ist eben eine solche Stückzahl zum Einschlage nöthig. Weil nun zum Dratteln an den Leinen, zum Anbinden etc. auch noch etwa 2 Stränge gerechnet werden können, so gehören folglich zu einem Gewebe, das 60 Ellen lang ist und 50 Gänge hat, 122 Stränge oder 20 Stück und 2 Stränge. So verhält es sich mit jedem andern Maße.

Ist das Gewebe fertig, so kann man dem Weber auch genau nachrechnen, ob es nach seiner Angabe gemacht ist. Man zählt nämlich an dem Gewebe, da wo es abgeschnitten ist, oder die Dratteln noch hat, immer 40 Fäden ab, und zählt man nun nicht 50 mal 40 Fäden, so ist man auf irgend eine Weise hintergangen worden. Oder, um des Zählens der ganzen Fäden überhoben zu sein, spanne man das gemachte Leinen auf einen Tisch egal aus, zähle nun einen Gang oder 40 Fäden von einem Ende ab, nehme einen Zirkel, setze den einen Zirkelfuß an den ersten, den andern zwischen den 40. und 41. Faden, und setze so den Zirkel querdurch fort, bis an das andere Ende; hat man auf diese Art 50 Gänge abgemessen, so ist das Gewebe richtig.

152. Antwort: So:

Wenn das Korn wiegt an Pfunden.	Dann soll der Müller zurückliefern an Mehl			an Kleie.			zusammen an Mehl und Kleie:	
	Pfd.	Lth.	Qtch.	Pfd.	Lth.	Qtch.	Pfd.	Lth.
1	—	26	$3\frac{2}{3}$	—	3	$\frac{1}{3}$	—	30
2	1	21	$3\frac{1}{3}$	—	6	$\frac{2}{3}$	1	28
3	2	16	3	—	9	1	2	26
4	3	11	$2\frac{2}{3}$	—	12	$1\frac{1}{3}$	3	24
5	4	6	$2\frac{1}{3}$	—	15	$1\frac{2}{3}$	4	22
6	5	1	2	—	18	2	5	20
7	5	28	$1\frac{2}{3}$	—	21	$2\frac{1}{3}$	6	18
8	6	23	$1\frac{1}{3}$	—	24	$2\frac{2}{3}$	7	16
9	7	18	1	—	27	3	8	14
10	8	13	$\frac{2}{3}$	—	30	$3\frac{1}{3}$	9	12
20	16	26	$1\frac{1}{3}$	1	29	$2\frac{2}{3}$	18	24
30	25	7	2	2	28	2	28	4
40	33	20	$2\frac{2}{3}$	3	27	$1\frac{1}{3}$	37	16
50	42	1	$3\frac{1}{3}$	4	26	$\frac{2}{3}$	46	28
60	50	15	—	5	25	—	56	8
70	58	28	$\frac{2}{3}$	6	23	$3\frac{1}{3}$	65	20
80	67	9	$1\frac{1}{3}$	7	22	$2\frac{2}{3}$	75	—
90	75	22	2	8	21	2	84	12
100	84	3	$2\frac{2}{3}$	9	20	$1\frac{1}{3}$	93	24

Diese Tabelle giebt an, wie viel der Müller vom Korn, nach Abzug des 16. Theils für Mahllohn, Staub und Abgang, nach dem Gewicht an Mehl und Kleie zurückliefern muß. Sollten die angegebenen Pfunde, da die Früchte öfters von verschiedener Güte sind, auch nicht die Quantität an Mehl und Kleie genau geben, so hat der Müller doch von den übergebenen Pfunden das davon an Mehl und Kleie zusammenaddirte Gewicht zurückzuliefern.

153. Auflösung: Den Angaben der Aufgabe nach sollen immer 3 der unbekannten Zahlen addirt und eine von deren Summe subtrahiert werden, so daß jede Zahl 3 Mal addirt und 1 Mal abgezogen wird, woraus hervorgeht, daß die Summe der angegebenen Reste gerade noch 1 Mal so groß sein muß, als die Summe der unbekannten 4 Zahlen. Da nun die Reste, 79, 61, 39 und 19, zusammen 198 betragen, so ist daher die einfache Summe aller vier Zahlen = 99. Nun bleibt, wenn man die erste Zahl von der zweiten, dritten und vierten abzieht, 79 übrig und man erhält, wenn die erste Zahl zu 79 addirt wird, den Betrag der 3 übrigen Zahlen, folglich muß die erste Zahl noch 1 Mal dazuaddirt werden, um die Summe aller 4 Zahlen, also 99, zu erhalten, woraus sich leicht übersehen läßt, daß die Differenz zwischen 79 und 99 doppelt so groß ist, als die erste Zahl; es ist sonach, wenn man 79 von 99 abzieht, die Hälfte des dadurch bleibenden Restes 20, also 10, die erste Zahl, und es ist einleuchtend, daß die übrigen 3 Zahlen sich nach derselben Regel berechnen lassen. Nämlich: den zweiten Rest 61 von 99 abgezogen, bleibt 38, die Hälfte davon ist 19, zweite Zahl; den dritten Rest, 39, von 99 abgezogen bleibt 60, die Hälfte davon ist 30, dritte Zahl; den vierten Rest, 19, von 99 abgezogen bleibt 80, die Hälfte davon ist 40, vierte Zahl. Hieraus ist nun eine Auflösung der Aufgabe gefunden, es ist nämlich buchstäblich:

Antwort: Die erste Zahl Zehn, die zweite Neunzehn, die dritte Dreißig und die vierte Vierzig und das Wort – von Zehn den zweiten Buchstaben, e, von Neunzehn den ersten, n, von Dreißig ebenfalls den ersten, d, und von Vierzig den dritten, e, zusammengesetzt –

Ende.

Lösungshilfen bzw. Lösungswege aus anderer Sicht

1.

n Anzahl der Aufgaben

$$n = \sqrt[3]{12\,812\,904} - (5 + 2) - (7 - 3) - 7 \cdot 10$$

$$n = 234 - 7 - 4 - 70$$

$$n = 153$$

Das Buch enthält 153 Aufgaben.

2.

$$12\,000 + 1200 + 12 = 13\,212$$

8.

$$1 + 1\tfrac{1}{2} + 2 + 2 + 2\tfrac{1}{2} + 3 + 4 + 4\tfrac{1}{2} + 6 + 7 + 8 + 9\tfrac{1}{2} = 51$$

9.

$$s_n = a_1 \cdot \frac{q^n - 1}{q - 1},\ s_8 = 1 \cdot \frac{2^8 - 1}{2 - 1} = 2^8 - 1 = 256 - 1 = 255$$

Das Mühmchen pflückte 255 Blümchen.

14.

Eimer im Acht-Eimer-Faß	Eimer im Fünf-Eimer-Faß	Eimer im Drei-Eimer-Faß
8	0	0
5	0	3
5	3	0
2	3	3
2	5	1
7	0	1
7	1	0
4	1	3
4	4	0

17.

Angenommen, in jedem der vier Eckzimmer wohnten jeweils a Nonnen, in jedem der vier übrigen Zimmer jeweils b Nonnen; dann gilt $2a + b = 15$ und $4a + 4b = s$, wobei s die Anzahl aller in diesen 8 Zimmern anwesenden Personen ist. Daraus folgt weiter $2a + b = 15$ und $a + b = \frac{s}{4}$. Durch Subtraktion der zweiten von der ersten Gleichung erhalten wir $a = 15 - \frac{s}{4}$ bzw. $b = \frac{s}{2} - 15$.

Für $s = 44$ gilt $a = 4$ und $b = 7$.

Für $s = 48$ gilt $a = 3$ und $b = 9$.

Für $s = 32$ gilt $a = 7$ und $b = 1$.

21.

Das älteste Kind erhielt $(100 + \frac{3600 - 100}{7})$ Thaler = 600 Thaler;

das nächste Kind erhielt $(200 + \frac{3000 - 200}{7})$ Thaler = 600 Thaler, usw. Jedes der sechs Kinder erhielt gleich viel, nämlich 600 Thaler.

22.

Das Gesamtvermögen sei x, die Anzahl der Erben n. Das erste Kind erhält $1100 + \frac{x - 1100}{9}$ Thaler. Das „letzte" Kind (und damit jeder der Erben) erhält $n \cdot 1100$ Thaler, und es gilt $x = n^2 \cdot 1100$.

Damit: $1100 + \frac{n^2 \cdot 1100 - 1100}{9} = n \cdot 1100$

$$n^2 - 9n + 8 = 0$$

$$n_{1;2} = \frac{9}{2} \pm \sqrt{\frac{81}{4} - \frac{32}{4}}$$

$$n_1 = 1\,;\, n_2 = 8$$

Daraus ergibt sich (wenn mehr als ein Erbe angenommen wird) das Gesamtvermögen zu 70 400 Thaler und die Erbschaft eines jeden der 8 Erben zu 8800 Thaler.

23.

x sei das Gesamterbe; E_v das Erbe der Geschwister ($v = 1, \ldots, 5$); R_v sei der Rest vom Gesamterbe, der dann übrigbleibt, nachdem die ersten v Brüder ihr Erbe erhalten haben.

Dann ergibt sich:

$x = E_1 + R_1 = \frac{x}{6} + 240 + R_1$

$R_1 = E_2 + R_2 = \frac{1}{5} R_1 + 288 + R_2$

$R_2 = E_3 + R_3 = \frac{1}{4} R_2 + 360 + R_3$

$R_3 = E_4 + R_4 = \frac{1}{3} R_3 + 480 + R_4$

$R_4 = E_5 \qquad = \frac{1}{2} R_4 + 720$

Daraus ergibt sich sofort:

$E_1 = E_2 = E_3 = E_4 = E_5 = 1440$ Thaler.

Das Gesamterbe beträgt 7200 Thaler.

24.

Angenommen, der Fleischer habe x Schafe gekauft. Das erste Mal schlachtete er $\frac{x}{2} + \frac{3}{2} = \frac{x+3}{2}$ Schafe. Es verbleiben restliche $x - \frac{x+3}{2} = \frac{x-3}{2}$ Schafe. Das zweite Mal schlachtete er $\frac{1}{2} \cdot \frac{x-3}{2} + \frac{3}{2} = \frac{x+3}{4}$ Schafe. Bei analoger Fortsetzung dieser Überlegungen stellen wir fest, daß der Fleischer das dritte Mal $\frac{x+3}{8}$ Schafe, das vierte Mal $\frac{x+3}{16}$ Schafe schlachtete. Nun verbleibt ein Rest von $\frac{x-45}{16}$ Schafen, und es gilt $\frac{x-45}{16} = 1$, also $x = 61$.

Der Vorrat des Fleischers betrug 61 Schafe; er schlachtete nacheinander $\frac{61+3}{2} = 32$ Schafe, $\frac{61+3}{4} = 16$ Schafe, $\frac{61+3}{8} = 8$ Schafe, $\frac{61+3}{16} = 4$ Schafe.

25.

Angenommen, die Händlerin hatte n Eier zum Verkauf anzubieten;
dann erhielt die erste Nachbarin $\frac{n}{2} + \frac{1}{2} = \frac{n+1}{2}$ Eier.
Es verbleibt ein Rest von $n - \frac{n+1}{2} = \frac{n-1}{2}$ Eier.
Die zweite Nachbarin erhielt $\frac{n-1}{4} + \frac{1}{2} = \frac{n+1}{4}$ Eier.
Es verbleibt ein Rest von $\frac{n-3}{4}$ Eier.
Die dritte bzw. vierte Nachbarin erhielt $\frac{n+1}{8}$ bzw. $\frac{n+1}{16}$ Eier.
Es verbleibt zuletzt ein Rest von $\frac{n-15}{16}$ Eier.
Nun gilt $\frac{n-15}{16} = 1$, $n - 15 = 16$, $n = 31$.

Der anfängliche Vorrat betrug 31 Eier.

26.

Angenommen, Carl hatte anfangs x Äpfel.
Davon verkaufte er im ersten Haus $\frac{x}{4} + 15 = \frac{x+60}{4}$ Äpfel.
Danach verblieben ihm noch $x - \frac{x+60}{4} = \frac{3x-60}{4}$ Äpfel.
Im zweiten Haus verkaufte er $\frac{1}{3} \cdot \frac{3x-60}{4} + 20 = \frac{x+60}{4}$ Äpfel.

Ihm verblieben danach $\frac{3x-60}{4} - \frac{x+60}{4} = \frac{x-60}{2}$ Äpfel.
Im dritten Haus verkaufte er $\frac{1}{2} \cdot \frac{x-60}{2} + 30 = \frac{x+60}{4}$ Äpfel.

Nun gilt $3 \cdot \frac{x+60}{4} = x$, also $x = 180$.

Carl hatte anfangs 180 Äpfel. In jedem Haus verkaufte er $\frac{180+60}{4} = 60$ Äpfel.

27.

Das k. g. V. von 2, 3, 4, 5, 6 ist 60. Nun gilt $7m = 60n + 1$, und es ist $60n + 1$ nur dann durch 7 teilbar, wenn $n = 5, 12, 19, \ldots$ ist. Für $n = 5$ erhalten wir $7m = 301$, also $m = 43$. Wegen $301 < 700$ ist dies eine Lösung. Für $n \geqq 12$ erhalten wir $7m \geqq 721 > 700$. Also entfallen diese Möglichkeiten.

In dem Stall waren 301 Schafe.

28.

Das k. g. V. von 2, 3, 5, 7 ist 210. Nun gilt $12m + 7 = 210n + 1$, $2m + 1 = 35n$, $2m = 34n + n - 1$, $m = 17n + \frac{n-1}{2}$. Für $n = 1$ gilt $m = 17$. Für $n = 3$ gilt $m = 52$. Wegen $210 \cdot 3 + 1 = 631 > 400$ entfällt diese Möglichkeit. Der Spieler hatte $210 \cdot 1 + 1 = 211$ Dukaten gewonnen.

29.

Das k. g. V. von 2, 3, 5, 7, 11 ist 2310.

Wegen
$$\begin{aligned} 2a + 1 &= 2a + (2 - 1), \\ 3b + 2 &= 3b + (3 - 1), \\ 5c + 4 &= 5c + (5 - 1), \\ 7d + 6 &= 7d + (7 - 1), \\ 11e + 10 &= 11e + (11 - 1), \end{aligned}$$
gilt $2310 - 1 = 2309$.

In den fünf Körben waren 2309 Äpfel.

30.

Das k. g. V. von 3, 4, 5, 6 ist 60.

Wegen
$$\begin{aligned} 3a + 1 &= 3a + (3 - 2), \\ 4b + 2 &= 4b + (4 - 2), \end{aligned}$$

$$5c + 3 = 5c + (5 - 2),$$
$$6d + 4 = 6d + (6 - 2)$$
gilt $60 - 2 = 58.$

Die Mannschaft besteht aus 58 Bleisoldaten.

31.

Angenommen, es waren x Kinder; dann gilt $12x + 48 = 15x + 15$, also $x = 11$.

Der Vater hatte 11 Kinder.

Er hatte also $12 \cdot 11 + 48 = 180$ Äpfel und ebensoviel Nüsse gekauft.

32.

$$n^2 + 146 = (n + 1)^2 - 31;$$
$$n^2 + 177 = n^2 + 2n + 1; \; 2n = 176;$$
$$n = 88; \; 88^2 + 146 = 7744 + 146 = 7890.$$

Die Erbschaft bestand aus 7890 Thalern.

33.

$$x + 2(x + 1\tfrac{3}{4}) + (x + 2 \cdot 1\tfrac{3}{4}) = 12;$$
$$4x + 7 = 12;$$
$$x = 1\tfrac{1}{4}.$$

Der Lehrbursche erhält $1\frac{1}{4}$ Thlr., jeder der beiden Gesellen erhält 3 Thlr., der Meister erhält $4\frac{3}{4}$ Thlr.

34.

Aus $\frac{x}{3} = \frac{y}{6} = \frac{z}{9}$ folgt $y = 2x$ und $z = 3x$, also $x : y : z = 1 : 2 : 3$.

Daraus folgt weiter

$$7890 : (1 + 2 + 3) = 7890 : 6 = 1315.$$

Der erste Haufen enthielt 1315 Thaler, der zweite $2 \cdot 1315 = 2630$ Thaler, der dritte $3 \cdot 1315 = 3945$ Thaler.

35.

Aus $3a = 4b = 6c = 12d$ folgt $b = \frac{3}{4}a$, $c = \frac{1}{2}a$, $d = \frac{1}{4}a$.

Aus $a + b + c + d = 7890$ erhalten wir durch Einsetzen $a + \frac{3}{4}a + \frac{1}{2}a + \frac{1}{4}a = 7890$, $\frac{5}{2}a = 7890$, $a = 3156$, $b = 2367$, $c = 1578$, $d = 789$.

Der erste Haufen enthielt 3156 Thaler, der zweite 2367 Thaler, der dritte 1578 Thaler, der vierte 789 Thaler.

36.

$x + (x + 2) + (x + 2 \cdot 2) + \ldots + (x + 11 \cdot 2) = 1008$; $s_n = \frac{n}{2}(a_1 + a_n)$; $s_{12} = 6 \cdot (2x + 22) = 1008$; $2x + 22 = 168$; $x = 73$.

In der ersten bis 12. Horde befanden sich in dieser Reihenfolge 73, 75, 77, 79, 81, 83, 85, 87, 89, 91, 93, 95 Schafe.

37.

Aus $a + b = 52$; $b + c = 43$; $c + d = 34$; $d + e = 30$ und $a + b + c + d + e = 100$ folgt durch Einsetzen $52 + c + 30 = 100$, also $c = 18$ und somit $b = 43 - 18 = 25$; $a = 52 - 25 = 27$; $d = 34 - 18 = 16$; $e = 30 - 16 = 14$.

Im ersten Stall befinden sich 27 Schafe, im zweiten Stall 25 Schafe, im dritten Stall 18 Schafe, im vierten Stall 16 Schafe, im fünften Stall 14 Schafe.

38.

$x = 12 \cdot 8 - 11 \cdot 4$; $x = 96 - 44$; $x = 52$. Die Linde ist 52 Ellen hoch.

39.

Durch den Rachen des Löwen wird der Brunnen in 6 Stunden gefüllt; in 1 Stunde wird deshalb $\frac{1}{6}$ des Brunnens gefüllt; in x Stunden werden $\frac{x}{6}$ des Brunnens gefüllt.

Analog dazu gilt: In x Stunden werden durch das rechte Auge, durch das linke Auge bzw. durch die rechte Klaue $\frac{x}{48}$, $\frac{x}{72}$ bzw. $\frac{x}{96}$ des Brunnens gefüllt.

Daraus folgt weiter

$\frac{x}{6} + \frac{x}{48} + \frac{x}{72} + \frac{x}{96} = 1$; $48x + 6x + 4x + 3x = 288$;
$61x = 288$; $x = \frac{288}{61} = 4\frac{44}{61}$.

Wenn das Wasser aus allen vier Quellen zugleich ausfließt, wird der Brunnen in $4\frac{44}{61}$ Stunden gefüllt.

40.

$\frac{x}{2} + \frac{x}{3} + \frac{x}{4} - 1 = x$; $\frac{6x + 4x + 3x - 12x}{12} = 1$; $\frac{x}{12} = 1$; $x = 12$.

Die Glocke hat 12 Uhr geschlagen.

41.

$2n + \frac{n}{2} + \frac{n}{4} + 1 = 100$; $\frac{11}{4}n = 99$; $n = 36$.

Es waren 36 Gänse.

42.

$2x + \frac{x}{2} + \frac{x}{4} + \frac{x}{8} + \frac{x}{16} + 3 = 50$;
$32x + 8x + 4x + 2x + x = 16 \cdot 47$;
$47x = 16 \cdot 47$; also $x = 16$.

Im Kloster waren 16 Nonnen.

43.

$x + \frac{1}{2}x + \frac{3}{4}x + \frac{1}{4}x + \frac{2}{5}x + 2 = 60$;
$20x + 10x + 15x + 5x + 8x = 20 \cdot 58$;

$58x = 20 \cdot 58$; $x = 20$.

Der erste Betrag, der zurückgezahlt wurde, betrug 20 Thlr.

44.

Zum ersten Termin wurde $\frac{x}{2}$ des Kapitals zurückgezahlt. Es verbleibt eine Restschuld von $\frac{x}{2}$ Thalern.

Zum zweiten Termin wurden $\frac{2}{3} \cdot \frac{x}{2} = \frac{x}{3}$ Thaler zurückgezahlt. Es verbleibt eine Restschuld von $\frac{x}{2} - \frac{x}{3} = \frac{x}{6}$ Thalern.

Zum dritten Termin wurden $\frac{3}{4} \cdot \frac{x}{6} = \frac{x}{8}$ Thaler zurückgezahlt. Es verbleibt eine Restschuld von $\frac{x}{6} - \frac{x}{8} = \frac{x}{24}$ Thalern.

Nun gilt $\frac{x}{24} = 3$, also $x = 72$.

Die ganze Schuld beläuft sich auf 72 Thaler. Beim ersten Mal wurden 36 Thaler, beim zweiten Mal 24 Thaler, beim dritten Mal 9 Thaler, zum Schluß 3 Thaler zurückgezahlt.

45.

$(33 - \frac{2}{3}n) + (35 - \frac{3}{5}n) = n$;

$68 = n + \frac{2}{3}n + \frac{3}{5}n$;

$15n + 10n + 9n = 1020$, $n = 30$.

Die dritte Gesellschaft hat 30 Mitglieder.

Nach Bildung der vierten Gesellschaft besteht die erste noch aus $33 - \frac{2}{3} \cdot 30 = 13$ Mitgliedern, die zweite noch aus $35 - \frac{3}{5} \cdot 30 = 17$ Mitgliedern.

Wegen

$(33 + 35 + 30) - (13 + 17 + 30) = 98 - 60 = 38$

besteht die vierte Gesellschaft aus 38 Mitgliedern.

46.

Aus $k : m = 2 : 3$, also $m = \frac{3}{2}k$,

und $15k + 10m = 16 \cdot 30$ folgt durch Einsetzen $15k + 15k = 16 \cdot 30$; $30k = 16 \cdot 30$; $k = 16$

und somit $m = 24$.

In diesem Jahr hatte der Lehrer 16 Knaben und 24 Mädchen in der Schule.

Aus $k : m = 3 : 2$ und $15k + 10m = 16 \cdot 30 + 40$ folgt in analoger Weise $k = 24$ und $m = 16$.

Im vorigen Jahr hatte dieser Lehrer 24 Knaben und 16 Mädchen in der Schule.

47.

$\frac{x}{6} + 11 + 7 + 20 + 17 = x; 55 = \frac{5}{6}x; x = 66.$

Der befragte Lehrer hatte 66 Kinder, der andere Lehrer 70 Kinder in der Schule.

48.

$\frac{x}{6} + \frac{x}{4} + \frac{x}{2} + 5 = x; 2x + 3x + 6x + 60 = 12x; x = 60.$

Die Person war 60 Jahre alt.

49.

Aus $k - m = 11$ und $k + m = 75$ folgt durch Addition $2k = 86$, also $k = 43$ und somit $m = 32$.

Es waren 43 Knaben und 32 Mädchen.

50.

Aus $a + b = 109$, $b + c = 56$, $a + c = 85$ folgt durch Addition $2(a + b + c) = 250$, also $a + b + c = 125$. Durch Einsetzen erhalten wir

$a = 125 - 56 = 69$,

$b = 125 - 85 = 40$, $c = 125 - 109 = 16$.

Der Großvater war 69 Jahre alt, sein Sohn 40 Jahre, sein Enkel 16 Jahre alt.

51.

Aus $\frac{5}{12}x = \frac{2}{3}y$ und $x - 9 = y$ folgt
$\frac{5}{12}x = \frac{2}{3}(x - 9)$; $\frac{15}{24}x = x - 9$; $\frac{9}{24}x = 9$;
$x = 24$ und somit $y = 15$.

Der Befragte war 24 Jahre, sein Bruder 15 Jahre alt.

52.

$x^2 + (x + 2x)^2 = 360$, $10x^2 = 360$; $x^2 = 36$; $x = 6$
Die beiden Söhne sind 6 und 18 Jahre alt.

53.

$51\frac{1}{2} + x = 2(19\frac{3}{4} + x)$; $51\frac{1}{2} + x = 39\frac{1}{2} + 2x$; $x = 12$
Nach 12 Jahren wird der Vater doppelt so alt sein wie der Sohn.

54.

Angenommen, der Mann sei anfangs mit x Thlrn. über die Brücke gegangen.

Nach der ersten Rückkehr hatte er noch $2x - 1\frac{1}{3}$,
nach der zweiten $2 \cdot (2x - 1\frac{1}{3}) - 1\frac{1}{3} = 4x - 4$,
nach der dritten $2 \cdot (4x - 4) - 1\frac{1}{3} = 8x - 9\frac{1}{3}$ Thlr.
Nun gilt $8x - 9\frac{1}{3} = 0$, also $x = 1\frac{1}{6}$.

Die anfängliche Barschaft des Mannes betrug $1\frac{1}{6}$ Thlr., das sind 1 Thlr. 5 Ngr.

55.

1 Schock sind 60 Stück. Jede der beiden Frauen hatte noch je 30 Äpfel zu verkaufen.

$30 : 3 = 10$, $20 : 2 = 10$

Die zweite Frau hätte $(3 + 2) = 5$ Äpfel zu jeweils 1 Ngr. nur zehnmal verkaufen dürfen.

Die restlichen 10 Äpfel der ersten Frau hätten für $\frac{10}{2} \cdot \frac{1}{2}$ Ngr. = $2\frac{1}{2}$ Ngr. verkauft werden müssen.

56.

Aus $x + 1 = y - 1$ und $2(x - 1) = y + 1$ folgt $x = 5$ und $y = 7$.

Die eine Person hatte 5, die andere 7 Eier.

57.

Aus $3(x - 9) = y + 9$ und $x + 11 = 7(y - 11)$ folgt $x = 17$ und $y = 15$.

Georg hat 15, Carl 17 Schafe.

58.

$2x + 6x + 24x = 160$; $32x = 160$; $x = 5$.

Auf dem Tisch lagen 5 Thlr.

Fritz besaß 10 Thaler, Bast 30 Thaler und Hans 120 Thaler.

59.

$3x + 5x = 24$; $8x = 24$; $x = 3$.

Das Schlafgeld betrug 3 Groschen.

60.

$11x + 7y = 100$; $11x = 99 + 1 - 7y$; $x = 9 - \frac{7y - 1}{11}$.

Da x und y natürliche Zahlen sind, wird diese Gleichung nur für $y = 8$ und somit für $x = 4$ erfüllt.

Die erste Familie erhält $11 \cdot 4$ Thlr. = 44 Thlr., die zweite $7 \cdot 8$ Thlr. = 56 Thlr.

61.

Aus $x + y = 1\frac{13}{15}$ und $12x + 20\,y = 27\frac{1}{3}$ folgt $x = 1\frac{1}{4}$ und $y = \frac{37}{60}$.

1 Viertel Gerste kostet $1\frac{1}{4}$ Thlr. = 1 Thlr. $7\frac{1}{2}$ Ngr. = 1 Thlr. 7 Ngr. 5 Pfg.;

1 Viertel Hafer kostet $\frac{37}{60}$ Thlr. = $18\frac{1}{2}$ Ngr. = 18 Ngr. 5 Pfg.

62.

Aus $18x + 32y = 72\frac{1}{15}$ und $21x + 23y = 69\frac{4}{15}$ folgt $x = 2\frac{1}{6}$ und $y = 1\frac{1}{30}$.

1 Viertel Korn kostete $2\frac{1}{6}$ Thlr. = 2 Thlr. 5 Ngr.;

1 Viertel Hafer kostete $1\frac{1}{30}$ Thlr. = 1 Thlr. 1 Ngr.

63.

Angenommen, im Stall befanden sich x Schafe; dann gilt $[x - (\frac{x}{2} + 3)] \cdot 8 = x - (\frac{x}{2} + 3) + 7$,

$(\frac{x}{2} - 3) \cdot 8 = \frac{x}{2} - 3 + 7$,

$4x - 24 = \frac{x}{2} + 4$.

$\frac{7x}{2} = 28$, also $x = 8$.

Im Stall befanden sich 8 Schafe.

64.

$\frac{6}{11}x - 211 = 1223$; $x = 2629$.

Der Mondberg ist 2629 Klafter hoch.

65.

$\frac{x}{15} + \frac{x}{75} = 24$; $x = 300$.

Die chinesische Mauer hat eine Länge von 300 deutschen Meilen.

66.

Es waren insgesamt $5 \cdot 32 = 160$ Nüsse.

Angenommen, Ernst, Georg, Carl, Fritz, Franz hatten zunächst (in dieser Reihenfolge) a, b, c, d, e Nüsse.

Nach der ersten Teilung hat Ernst $2a$, Georg $2b$, Carl $2c$, Fritz $2d$ und Franz genau 2 Nüsse; denn nach der ersten Teilung verdoppeln sich bei jeder weiteren Teilung die Nüsse von Franz, und nach der 5. Teilung hat er 32 Nüsse ($2^5 = 32$).

Nach der zweiten Teilung hat Ernst $4a$, Georg $4b$, Carl $4c$, Fritz 4 und Franz 4 Nüsse.

Nach der dritten Teilung hat Ernst $8a$, Georg $8b$, Carl 8, Fritz 8 und Franz 8 Nüsse.

Nach der vierten Teilung hat Ernst $16a$, Georg 16, Carl 16, Fritz 16 und Franz 16 Nüsse.

Nun gilt $16a = 160 - 4 \cdot 16$, $16a = 96$, $a = 6$.

Ferner folgt aus $a = 6$ und $8a + 8b = 160 - 3 \cdot 8$ durch Einsetzen $b = 11$.

Analog dazu gilt $c = 21$, $d = 41$, $e = 81$.

Vor der ersten Teilung hatte Ernst 6, Georg 11, Carl 21, Fritz 41 und Franz 81 Nüsse.

68.

Aus $15x + 1\frac{1}{2}y + \frac{1}{2}z = 60$ und $x + y + z = 60$ folgt zunächst $30x + 3y + z = 120$ und $x + y + z = 60$.

Durch Subtraktion erhalten wir $29x + 2y = 60$.

Nur für $x = 2$ und $y = 1$ erhalten wir ganzzahlige positive Lösungen. Daraus folgt $z = 57$.

Es wurden 2 Kühe, 1 Schaf und 57 Schweine verkauft.

69.

Aus $15x + 3\frac{1}{2}y + \frac{1}{2}z = 100$ und $x + y + z = 100$ folgt zunächst $30x + 7y + z = 200$ und $x + y + z = 100$.

Durch Subtraktion erhalten wir $29x + 6y = 100$.

Nur für $x = 2$ und $y = 7$ erhalten wir ganzzahlige positive Lösungen. Daraus folgt $z = 91$.

Der Bauer kaufte 2 Kühe, 7 Schafe und 91 Schweine.

70.

Es seien x Männer, y Weiber und z Jungfrauen.

Aus $2x + y + \frac{1}{2}z = 20$ und $x + y + z = 20$ folgt $4x + 2y + z = 40$ und $x + y + z = 20$.

Durch Subtraktion erhalten wir daraus $3x + y = 20$.

Für diese Gleichung und damit auch für die Ausgangsgleichungen existieren sechs Lösungen, nämlich

x	y	z
1	17	2
2	14	4
3	11	6
4	8	8
5	5	10
6	2	12

71.

Es seien x Rehe, y Frischlinge, v Hasen und w Rebhühner.

Aus $5x + 2y + v + \frac{1}{2}w = 200$ und $x + y + v + w = 200$ folgt zunächst $10x + 4y + 2v + w = 400$ und $x + y + v + w = 200$.

Durch Subtraktion erhalten wir $9x + 3y + v = 200$.

Dieses Gleichungssystem hat endlich viele Lösungen. Eine dieser Lösungen sei angegeben: Aus $x = 1$ folgt $3y + v = 191$.
Aus $y = 2$ folgt $v = 185$ und somit $w = 12$.

72.

Angenommen, die Köchin hatte x gute und y schlechte Heringe gekauft.

Aus $x + y = 18$ und $5x + \frac{1}{5}y = 18$ folgt $25x + y = 90$ und $x + y = 18$.

Durch Subtraktion erhalten wir $24x = 72$, also $x = 3$ und somit $y = 15$.

Somit hatte die Köchin 3 gute und 15 schlechte Heringe gekauft.

73.

Angenommen, die Forderung an den rechten Nachbarn betrage x Thaler, die an den linken Nachbarn y Thaler.

Aus $x + y = 16\frac{14}{30}$ und $y = x - 23$ folgt durch Einsetzen $x + x - 23 = 16\frac{14}{30}$, $2x = 39\frac{14}{30}$, $x = 19\frac{22}{30}$.

Nun sind $19\frac{22}{30}$ Thlr. soviel wie 19 Thlr. 22. Ngr.

Daraus folgt weiter $y = 19\frac{22}{30} - 23 = -3\frac{8}{30}$.

Die Forderung an den rechten Nachbarn beträgt 19 Thlr. 22 Ngr.; die Forderung an den linken Nachbarn stellt sich als Schulden heraus; es sind 3 Thlr. 8 Ngr. Schulden.

83.

Aus $\frac{x}{4} + \frac{y}{7} = 21$ und $x + y = 99$ folgt zunächst $x + y = 99$ und $x + \frac{4}{7}y = 84$.

Durch Subtraktion erhalten wir $\frac{3}{7}y = 15$, also $y = 35$ und somit $x = 64$.

Im ersten Stall befanden sich 35 Schafe, im zweiten Stall 64 Schafe.

84.

8 Thlr. 16 Ngr. = 256 Ngr. Aus $x \cdot x = 256$ folgt $x = 16$.

Es waren 16 Reisende; jeder mußte 16 Ngr. bezahlen.

85.

16 Schock Äpfel und 1 Apfel sind 961 Äpfel. Aus $n \cdot n = 961$ folgt $n = 31$; $961 - 31 = 930$.

Der Obsthändler hatte 930 Äpfel verkauft; 31 Äpfel blieben übrig.

86.

3 Thlr. − 18 Ngr. = (90 − 18) Ngr. = 72 Ngr.; 5 Pfg. = $\frac{1}{2}$ Ngr.

Aus $x \cdot p = 72$ und $(x - 2)(p + \frac{1}{2}) = 72$ folgt durch Einsetzen

$(x - 2)(\frac{72}{x} + \frac{1}{2}) = 72$; $72 + \frac{1}{2}x - \frac{144}{x} - 1 = 72$; $\frac{1}{2}x - \frac{144}{x} = 1$;

$x^2 - 2x - 288 = 0$; $x = 1 + \sqrt{1 + 288}$; $x = 18$.

Das Mädchen hatte 18 Tauben zum Verkauf erhalten.

87.

$s_n = a \cdot \frac{q^n - 1}{q - 1}$; $s_4 = 105$, $n = 4$, $q = 2$.

Durch Einsetzen erhalten wir $105 = \frac{2^4 - 1}{2 - 1} \cdot a$; $15a = 105$, $a = 7$.

In den vier Ställen befanden sich 7, 14, 28 und 56 Schafe.

88.

$\sqrt{\frac{(x+9-19)\cdot 9}{3}} - 17 = 1$; $\sqrt{(x-10)\cdot 3} = 18$, $3x - 30 = 324$; $3x = 354$; $x = 118$.

Die gesuchte Zahl lautet 118.

89.

1. Zahl: $\sqrt[3]{1860867} + 877 = \sqrt{a}$;
$123 + 877 = \sqrt{a}$; $a = 1000000$

2. Zahl: Aus $x \cdot 8 = x + 8$ folgt $x = \frac{8}{7}$
$b + \frac{1}{7} = \frac{8}{7}$, also $b = 1$

3. Zahl: $c = 9$, denn $9 \cdot 1 = 9$ und $q = 9$
$9 \cdot 2 = 18$ und $q = 1 + 8 = 9$
$9 \cdot 3 = 27$ und $q = 2 + 7 = 9$
...
$9 \cdot 9 = 81$ und $q = 8 + 1 = 9$

4. Zahl: Aus $d + dq + dq^2 + dq^3 = 90$ und $q = 2$ folgt $d + 2d + 4d + 8d = 90$, $15d = 90$, also $d = 6$

5. Zahl: $e^2 \cdot e^2 - 96 = 4000$, $e^4 = 4096$, $e^2 = 64$, $e = 8$

Zahl a (buchstäblich): Million
Zahl b (buchstäblich): Eins
Zahl c (buchstäblich): Neun
Zahl d (buchstäblich): Sechs
Zahl e (buchstäblich): Acht (ch ein Buchstabe)
Ergebniswort: Mensch

90.

Unter Anwendung der binomischen Formel $(a - b)^2 = a^2 - 2ab + b^2$ erhalten wir $2999^2 = (3000 - 1)^2 = 9000000 - 2 \cdot 3000 \cdot 1 + 1 = 9000000 - 6000 + 1 = 8994001$; denn 10 Thaler sind soviel wie $30 \cdot 10$ Neugroschen bzw. wie $30 \cdot 10 \cdot 10$ Pfennige = 3000 Pfennige.

91.

$\frac{n!}{2} = \frac{1}{2} \cdot 1 \cdot 2 \cdot 3 \cdot 4 \cdot 5 \cdot 6 \cdot 7 \cdot 8 \cdot 9 \cdot 10 = 1\,814\,400$ (Tage)

$1\,814\,400 : 365 = 4970\frac{350}{365}$ (4970 Jahre 350 Tage)

92.

$s_n = a_1 \cdot \frac{q^n - 1}{q - 1}$ mit $a_1 = 1$, $q = 2$ und $n = 64$ ergibt $s_{64} = \frac{2^{64} - 1}{2 - 1} = 2^{64} - 1 \approx 1{,}8 \cdot 10^{19}$.

Der Kaufmann hätte dem Wirt rund $1{,}8 \cdot 10^{19}$ Kaffeebohnen übersenden müssen.

93.

$1{,}8 \cdot 10^{19}$ Weizenkörner ergeben $\frac{1{,}8 \cdot 10^{19}}{7700 \cdot 80} \approx 29 \cdot 10^{12}$ Scheffel Weizen.

Für den Transport wären $\frac{29 \cdot 10^{12}}{40} \approx 74 \cdot 10^{10}$ zweispännige Wagen erforderlich.

Die Wagenreihe würde sich auf eine Länge von $\frac{74 \cdot 10^{10}}{700} \approx 106 \cdot 10^7$ Meilen erstrecken, also etwa $\frac{106 \cdot 10^7}{5400} \approx 198000$ mal um die Erdkugel reichen.

Das feste Land müßte $\frac{29 \cdot 10^{12}}{3 \cdot 10^6 \cdot 22 \cdot 10^3 \cdot 7} \approx$ 65mal so groß sein, um soviel Weizen in einem Jahre anbauen zu können.

Um den Weizen zu bezahlen, wären

$\frac{29 \cdot 10^{12} \cdot 2{,}5}{5 \cdot 10^7} \approx 1{,}5$ Millionen

jährliche preußische Staatseinnahmen erforderlich.

94.

a) $930 \cdot 365\frac{1}{4} \cdot 24 \cdot 60 \cdot 60$ Sekunden sind rund $29 \cdot 10^9$ Sekunden.

Adam ist nur etwa $29 \cdot 10^9$ Sekunden alt geworden, nicht aber 10^{12} Sekunden.

b) $\frac{10^{12}}{29 \cdot 10^9} \approx 34$

Adam hätte etwa 34mal so alt werden müssen.

95.

a) 1 Billion Pfennige ergeben $\frac{10^{12}}{300} \approx 3{,}3 \cdot 10^9$ Thaler.

b) Zum Zählen wären $\frac{10^{12}}{120 \cdot 60 \cdot 24 \cdot 365\,1/4} \approx 15000$ Jahre erforderlich.

c) Ein Verschwender könnte von diesem Geldbetrag $\frac{10^{10}}{3 \cdot 1000 \cdot 24 \cdot 365\,1/4} \approx 380$ Jahre leben.

96.

$$\frac{21 \cdot 10^6 \cdot 103 \cdot 10^9}{4 \cdot 10^4 \cdot 60^2 \cdot 24 \cdot 365\,1/4} \approx 1{,}6 \cdot 10^6$$

Um von der Milchstraße die Erde zu erreichen, würde das Licht etwa 1,6 Millionen Jahre brauchen.

97.

$$x = 10000 \cdot 2 + 10000 \cdot 3 = 50000 \text{ (Seufzer)}$$

98.

Aus $60 \cdot 60 \cdot 24 \cdot 365 \cdot 70 = 75 \cdot 60 \cdot 24 \cdot 365 \cdot x$ folgt $x = 56$; $70 - 56 = 14$

Unmäßigkeit verkürzt das Lebensalter um 14 Jahre.

110.

Es gewinnt derjenige, der am Ende des Spiels seinem Partner 7 Rechenpfennige übrigläßt.

Alle 7 Rechenpfennige kann der Partner nicht nehmen, und wieviel er von 1 bis 6 Rechenpfennigen auch wegnimmt, er wird nicht der letzte sein, der Rechenpfennige vom Tisch nimmt.

Um die Möglichkeit zu haben, dem Partner 7 Rechenpfennige übrigzulassen, muß man ihm vorher 14 Rechenpfennige übriglassen und vordem 21 und anfangs 28.

Derjenige Spieler, der das Spiel beginnt, muß also zunächst 2 Rechenpfennige nehmen und gewinnt, wenn er die aufgestellte Regel einhält.

116.

Diejenige natürliche Zahl k mit $1 \leqq k \leqq 9$, für die die Produkte $1 \cdot k, 2 \cdot k, \ldots, 9 \cdot k$ die gleiche Quersumme haben, kann wie folgt ermittelt werden:

Da die Quersumme von $1 \cdot k = k$ ist und die Quersumme von $9 \cdot k = (10 - 1) \cdot k = 10 \cdot (k - 1) + (10 - k)$ gleich $(k - 1) + (10 - k) = 9$ ist, kann nur $k = 9$ sein.

Tatsächlich erhält man für alle $x = 1, 2, 3, \ldots, 9$ wegen $x \cdot 9 = x \cdot (10 - 1) = 10 \cdot (x - 1) + (10 - x)$ die Quersumme $(x - 1) + (10 - x) = 9$.

122.

Aus $12345679 \cdot 9 = 111\,111\,111$ folgt für $x = 1, 2, 3, \ldots, 8, 9$ stets $12345679 \cdot 9x = \overline{xxx\,xxx\,xxx}$.

Wir erhalten also stets eine neunstellige Zahl in dekadischer Schreibweise, in der die gewählte Grundziffer x an jeder Stelle auftritt.

126.

Angenommen, jemand habe sich die Zahl n gedacht; dann gilt

$$[(n \cdot 2 + 5) \cdot 5 + 3] \cdot 10 + 3 - 150 = x,$$ also $n = \frac{x - 133}{100}$.

127.

Für die gedachte Zahl n gilt $7 \leqq n \leqq 105$.

Die gedachte Zahl n läßt bei Division durch 3 den Rest 0, 1 oder 2, bei Division durch 5 den Rest 0, 1, 2, 3 oder 4,

bei Division durch 7 den Rest 0, 1, 2, 3, 4, 5 oder 6.

Das Ergebnis x ist wie folgt zu berechnen:

$70r_1 + 21r_2 + 15r_3 = x$.

Dabei gilt $r_1 = 0, 1$ oder 2, $r_2 = 0, 1, 2, 3$ oder 4 und $r_3 = 0, 1, 2, 3, 4, 5$ oder 6.

Für die gedachte Zahl n gilt dann

$n = x - 3 \cdot 5 \cdot 7$ für $x > 105$,

$n = x - 2 \cdot 3 \cdot 5 \cdot 7$ für $x > 210$,

$n = x$ für $x < 105$.

129.

Es sei k die gedachte Zahl; dann gilt

$(k \cdot 2 + 2n) : 2 - k = k + n - k = n.$

Nach Ausführung der Rechnung bleibt stets n, also die Hälfte der addierten geraden Zahl $2n$ übrig.

132.

Es seien x und y die gedachten Zahlen mit $x > y$.

Man läßt folgende Rechnung ausführen:

$\sqrt{x \cdot y + x(x - y)} = \sqrt{x^2}.$

Um die größere der beiden gedachten Zahlen zu ermitteln, braucht man nur aus dem zu nennenden Ergebnis die Quadratwurzel zu ziehen. Läßt man sich noch die Differenz $x - y$ der beiden gedachten Zahlen nennen, so kann man anschließend noch die kleinere Zahl y aus $x - (x - y) = y$ berechnen.

133.

$[n + (n + 1) + (n + 2) + (n + 3) + (n + 4)] \cdot 8 \cdot \frac{1}{2} \cdot 5 = 100(n + 2);$

dieses Ergebnis ist ein Vielfaches von 100.

Streicht man die letzten beiden Ziffern der Ergebniszahl (Division durch 100), so erhält man die dritte der fünf gedachten aufeinanderfolgenden natürlichen Zahlen. Die übrigen vier Zahlen lassen sich dann daraus angeben.

134.

$(x \cdot 50 + 72 - 111 + 39) : 5 = y; x = \frac{y}{10}$.

Um die unbekannte Zahl x zu nennen, braucht man nur das Ergebnis y durch 10 zu dividieren.

136.

Angenommen, jemand legt in die obere Reihe n, in die untere also $n - 1$ Rechenpfennige, und es sei x die bekannte Anzahl Rechenpfennige, mit der entsprechend der Vorschrift zu operieren ist, dann gilt für die

obere Reihe:	untere Reihe:
n	$n - 1$
$n - x$	$n - 1 - (n - x)$
$n - x - (n - x) = 0$	$x - 1$

In der unteren Reihe bleiben noch $x - 1$ Rechenpfennige übrig.

Da x bekannt ist, läßt sich $x - 1$ sofort angeben.

137.

Die obere Augenzahl des Würfels W_1 sei x, die des Würfels W_2 sei y; dann gilt

$(x \cdot 2 + 5) \cdot 5 + y = s; 10x + y = s - 25$

mit $1 \leqq x, y \leqq 6$.

Nun stellt $10x + y$ eine zweistellige natürliche Zahl dar, deren dekadische Schreibweise $\overline{xy}$ lautet. Daraus lassen sich die Augenzahlen x und y der beiden Würfel angeben. Vom Ergebnis s sind nur 25 zu subtrahieren.

138.

Die oberen Augenzahlen der drei Würfel W_1, W_2, W_3 seien x, y, z; dann gilt

$$\left[(2x + 5) \cdot 5 + y\right] \cdot 10 + z = s;$$

$$100x + 10y + z = s - 250.$$

Vom Ergebnis s sind 250 zu subtrahieren. Die Differenz $100x + 10y + z$ lautet in dekadischer Schreibweise $\overline{xyz}$ und liefert somit die gesuchten Augenzahlen x, y, z der drei Würfel.

139.

Die Summe gegenüberliegender Augenzahlen eines Würfels beträgt stets 7.

Die beschriebene Augenzahl (S) ergibt sich zu

$$\underbrace{x_1 + y_1 + z_1}_{\text{1. Wurf}} + \underbrace{(7 - x_1) + (7 - y_1)}_{\text{Punktzahlen auf den Rückseiten}} + \underbrace{x_2 + y_2}_{\text{2. Wurf}} = S$$

d.h. $S = x_2 + y_2 + z_1 + 14$.

Die Augenzahl S läßt sich also sofort ermitteln, da x_2, y_2 (vom 2. Wurf) und z_1 (vom 1. Wurf) abzulesen sind.

140.

Wird der Ring an einen Finger der linken Hand gesteckt, so gilt

$$\{[(p \cdot 2 + 5) \cdot 5 + 1] \cdot 10 + f\} \cdot 5 \cdot 2 + g - 2500 = s_1;$$

$1000p + 1 \cdot 100 + 10f + g = s_1$ oder in dekadischer Schreibweise $\overline{p1fg} = s_1$.

Wird der Ring an einen Finger der rechten Hand gesteckt, so gilt

$$\{[(p \cdot 2 + 5) \cdot 5 + 2] \cdot 10 + f\} \cdot 5 \cdot 2 + g - 2500 = s_2;$$

$1000p + 2 \cdot \underline{100} + 10f + g = s_2$ oder in dekadischer Schreibweise $\overline{p2fg} = s_2$.

Die Ziffern p, f, g geben an, welche Person den Ring an welchem Finger und an welchem Gelenk hat. Die Ziffern 1 bzw. 2 geben an, ob es sich um die linke bzw. rechte Hand handelt.

145.

Es seien p_1 und p_2 die zu den Personen P_1 und P_2 gehörenden Zahlen; dann gilt

$$(3 \cdot p_2 + 3 \cdot p_1) : 3 - p_2 = p_1.$$

146.

Angenommen, die vier Personen denken sich die Zahlen a, b, c, d. Entsprechend den Anweisungen der Originallösung haben diese vier Personen nacheinander folgende Operationen auszuführen:

1. Person	2. Person	3. Person	4. Person
a	b	c	d
$2a$	$3b$	$4c$	$5d$
$2a + 2$	$3b + 24$	$4c + 16$	$5d + 20$
$\frac{2a+2}{2} = a + 1$	$\frac{3b+24}{3} = b + 8$	$\frac{4c+16}{4} = c + 4$	$\frac{5d+20}{5} = d + 4$
$a + 1 - a = 1$	$b + 8 - b = 8$	$c + 4 - c = 4$	$d + 4 - d = 4$

Die vier Zahlen 1, 8, 4, 4 nebeneinander geschrieben ergeben dann in dekadischer Schreibweise die konstante Jahreszahl 1844.

150.

Jede natürliche Zahl n mit $1 \leqq n \leqq 127$ läßt sich wie folgt im Dualsystem darstellen:

$n = a_0 \cdot 2^0 + a_1 \cdot 2^1 + a_2 \cdot 2^2 + a_3 \cdot 2^3 + a_4 \cdot 2^4 + a_5 \cdot 2^5 + a_6 \cdot 2^6$.

Dabei gilt $a_i = 0$ oder $a_i = 1$.

Beispiel:

$1 \cdot 2^0 + 0 \cdot 2^1 + 0 \cdot 2^2 + 0 \cdot 2^3 + 1 \cdot 2^4 + 0 \cdot 2^5 + 1 \cdot 2^6 = 1 + 16 + 64 = 81$.

153.

Es seien a, b, c, d die vier zu ermittelnden Zahlen; dann gilt

$$b + c + d - a = 79, \quad (1)$$
$$a + c + d - b = 61, \quad (2)$$
$$a + b + d - c = 39, \quad (3)$$
$$a + b + c - d = 19. \quad (4)$$

Durch Addition von (1) und (2) erhält man $2c + 2d = 140$, also $c + d = 70$.

Subtrahiert man (4) von (3), dann erhält man $-2c + 2d = 20$, also $-c + d = 10$.

Daraus folgt weiter durch Addition $2d = 80$, also $d = 40$.

Durch Einsetzen erhält man $c = 30$, $b = 19$, $a = 10$.

10	19	30	40
zehn	neunzehn	dreißig	vierzig

Die vier zu unterstreichenden Buchstaben ergeben das Wort „Ende“.